与时俱进：
机器学习基本原理与实践应用研究

Keeping pace with the times：

Research on the basic principles and practical applications of machine learning

但松健　鲍俊颖　著

中国财经出版传媒集团

经济科学出版社
Economic Science Press

图书在版编目（CIP）数据

与时俱进：机器学习基本原理与实践应用研究／但松健，鲍俊颖著．—北京：经济科学出版社，2022.10

ISBN 978－7－5218－4107－7

Ⅰ.①与… Ⅱ.①但… ②鲍… Ⅲ.①机器学习－研究 Ⅳ.①TP181

中国版本图书馆CIP数据核字（2022）第189553号

责任编辑：杨 洋 赵 岩
责任校对：王京宁 王京飞
责任印制：范 艳

与时俱进：机器学习基本原理与实践应用研究
但松健 鲍俊颖 著
经济科学出版社出版、发行 新华书店经销
社址：北京市海淀区阜成路甲28号 邮编：100142
总编部电话：010－88191217 发行部电话：010－88191522
网址：www.esp.com.cn
电子邮箱：esp@esp.com.cn
天猫网店：经济科学出版社旗舰店
网址：http://jjkxcbs.tmall.com
北京季蜂印刷有限公司印装
710×1000 16开 14.25印张 250000字
2022年11月第1版 2022年11月第1次印刷
ISBN 978－7－5218－4107－7 定价：58.00元
（图书出现印装问题，本社负责调换。电话：010－88191545）

前言

人类社会的发展经历了农耕社会、工业社会、信息社会，现在进入智能社会。在这漫长的发展进程中，人类不断从学习中积累知识，为人类文明打下了坚实的基础。学习是人与生俱来的最重要的一项能力，是人类智能（human intelligence）形成的必要条件。从20世纪90年代开始，互联网从根本上改变了人们的生活。进入21世纪后，人工智能以润物无声、潜移默化的方式深刻地改变着整个世界。与新一代人工智能相关的学科发展和技术创新正在引发链式突破，推动经济社会各领域从数字化、网络化向智能化方向加速跃升。发展智能科学与技术已经提升到国家战略高度。在这个迅猛发展的学科中，机器学习是发展最快的分支之一，它是使计算机具有智能的根本途径。机器学习的理论和实践涉及概率论、统计学、逼近论、凸分析、最优化理论、算法复杂度理论等多领域的交叉学科。除了有其自身的学科体系外，机器学习还有两个重要的辐射功能：一是为应用学科提供解决问题的方法与途径；二是为一些传统学科，如统计学、理论计算机科学、运筹优化等，找到新的研究问题。因此，大多数世界著名大学的计算机学科把机器学习列为人工智能的核心方向。

随着机器学习的不断发展与成熟，如今，机器学习算法已被广泛应用于商业、工业、医药等各领域，极大促进了社会的发展，并为人们的生活提供了更多便利。

机器学习具有广泛的发展前景，因此对其研究具有重要的理论及实践意义。

本书共八章，第一章为绪论，简要介绍机器学习的概念、发展历程、分类及发展前景；第二章分析机器学习的数学基础，主要包括线性代数与矩阵分析基础、概率与统计基础、优化理论基础；第三章至第七章分别研究贝叶斯分类器、决策树算法、神经网络学习算法、数据维度归约方法、关联规则和协同过滤等典型机器学习算法；第八章分析机器学习在商业、建筑、医药等领域的应用。

由于编者水平有限，书中难免存在不足之处，恳请读者批评指正。

目　录

第一章

绪　论

第一节　机器学习的概念

机器学习（machine learning，ML）作为一门多领域的交叉学科，涉及概率论、统计学、微积分、代数学、算法复杂度理论等多门学科。它通过让计算机自动“学习”的算法来实现人工智能，是人类在人工智能领域展开的积极探索。

在进行此理论学习前，我们应该了解学习是什么。众所周知学习是人们获取外界信息的一种行为，这种行为是后天培养起来的。如何有效地学习，从古至今没有一个权威的答案。各个学派均有不同的观点或见解，到目前为止这个问题仍然存在。究其原因离不开以下三个方面：首先，学习是人的一种主观意识活动，它与人的行为、视觉、认识息息相关，让人们对它的机理难以辨别；其次，学习是各种需求组成的复合体，它是由探索新知识、不断补充已经获取的知识体系、对已有的知识进行创新或改造的一种实践活动，使得人们对学习的本质产生了不同的观点；最后，对学习研究的专家来自学术界的各个领域，他们对学习的理解有着不同的思考及看法。

在心理学家的眼中，学习是指“人类生产生活中产生的一系列实践经验”；著名科学家赫伯特·西蒙（Herbert A. Simon，1971）认为学习是在进行系统学习中获得的改进方法；马文·明斯基（Marvin Lee Minsky，1986）则认为学习是人的一种心理活动；到目前为止，与机器学习的相关文献基本上都认为学习是不断积累经验以完善自身的不足。

上述观点虽然不尽相同，但却都包含了知识获取和能力改善这两个主要方面。所谓知识获取是指获得知识、积累经验、发现规律等；所谓能力改善是指改进性能、适应环境、实现自我完善等。在学习过程中，知识获取与能力改善是密切相关的，知识获取是学习的核心，能力改善是学习的结果。所以可以得出以下几点结论：（1）学习与经验有关；（2）学习可以改善系统性能；（3）学习是一个有反馈的信息处理与控制过程。因为经验是在系统与环境的交互过程中产生的，而经验中应该包含系统输入、响应和效果等信息。因此经验的积累、性能的完善正是通过重复这一过程而实现的。

通过以上分析，我们可以对学习给出如下较为一般的解释：学习是一个有特定目的的知识获取和能力增长的过程，其内在行为是获得知识、积累经验、发现规律等，其外部表现是改进性能、适应环境、实现自我完善等。

机器学习又是怎样一门学科呢？机器学习是利用计算机辅助工具来为人类创造价值，机器学习是一个新的领域，它是实现人工智能与生活生产有机结合而兴起的一门学科。如计算机科学（人工智能理论计算机科学）、数学（概率和数理统计、信息科学、控制理论）、心理学（人类问题求解和记忆模型）、生物学及遗传学（遗传算法、连接主义）、哲学奥卡姆剃刀原理（Occam's Razor）等。

机器学习有下面几种定义。

（1）机器学习是一门人工智能的科学，该领域的主要研究对象是人工智能，特别是如何在经验学习中改善具体算法的性能。

（2）机器学习是对能通过经验自动改进的计算机算法的研究。

（3）机器学习是用数据或以往的经验，以此优化计算机程序的性能标准。

本书认为，机器学习是指通过计算机学习数据中的内在规律性信息，获得新的经验和知识，以提高计算机的智能性，使计算机能够像人那样去决策。

机器学习的研究主旨是使用计算机模拟人类的学习活动，它是研究计算机识别现有知识、获取新知识、不断改善性能和实现自身完善的方法。机器学习的研究目标有 3 个：（1）人类学习过程的认知模型；（2）通用学习算法；（3）构造面向任务的专用学习系统的方法。在图 1－1 所示的机器学习系统基本模型中，包含了 4 个基本组成环节。环境和知识库是以某种知识表示形式表达的信息的集合，分别代表外界信息来源和系统所具有的知识；环境向系统的学习环节提供某些信息，而学习环节则利用这些信息对系统的知识库进行改进，以提高系统执行环节完成任务的效能。“执行环节”根据知识库中的知识完成某种任务，同时将获得的信息反馈给学习环节。

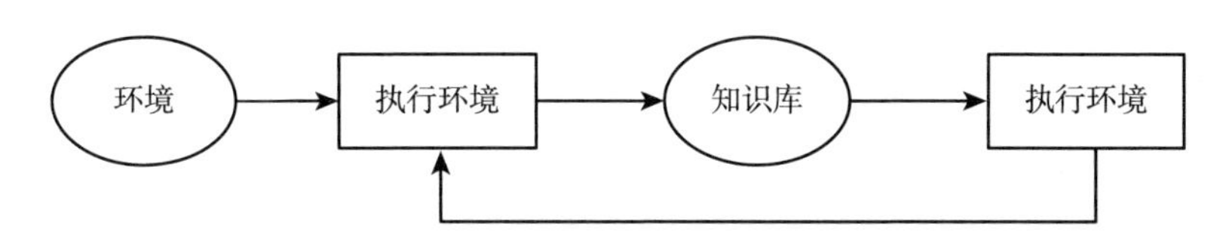

图 1－1　机器学习系统的基本结构

目前，机器学习走过了 70 多年曲折而又光辉的历程，是学界与业界研究与应用的一个热点和焦点。以深度学习为代表的机器学习是当前最接近人类大脑的智能学习方法和认知过程，它充分借鉴了人脑的多分层结构、神经元的连接交互、分布式稀疏存储和表征、信息的逐层分析处理机制，自适应、自学习的强大并行信息处理能力，在语音、图像识别等方面取得了突破性进展，在诸多应用领域取得巨大商业成功。

另外，应该看到，机器学习现在仍处于初级发展阶段。与人脑相比，深度学习目前在处理问题的能力上还有巨大差距，即使在结构、功能、运行机制上都与人脑有很大的差距，并且近期深度学习研究与应用的突飞猛进主要得益于大数据和强大硬件技术支撑的计算和存储能力，而机器学习理论、学习方法本身进展缓慢。因此，机器学习领域还有很多问题值得我们静下心来深入研究。

第二节 机器学习的发展历程

机器学习最早可以追溯到对人工神经网络的研究。1943 年，沃伦·麦克洛奇（Warren MCCulloch）和沃尔特·皮茨（Walter Pitts）提出了神经网络层次结构模型，确立为神经网络的计算模型理论，从而为机器学习的发展奠定了基础。

1950 年，“人工智能之父”艾伦·麦席森·图灵（Alan Mathison Turing）提出了著名的“图灵测试”，使人工智能成了计算机科学领域一个重要的研究课题。

1957 年，康内尔大学教授弗兰克·罗森布拉特（Frank Rosenblatt）提出感知机（perceptron）概念，并且首次用算法精确定义了自组织自学习的神经网络数学模型，设计出了第一个计算机神经网络，这个机器学习算法成为神经网络模型的开山鼻祖。

在此后的将近 10 年间，也就是到 20 世纪 60 年代中叶，机器学习的主要研究方向集中在知识学习方面，研究的主题是系统的执行能力，研究内容在于对数据的优化处理，即智能系统在接收到相应的数据后进行自寻优的过程，需要设计在现在看来较为简单的算法使系统能够自动进行优化处理，例如，某些棋局对弈程序。在这段时期一个令人瞩目的发展是神经网络方法的不断完善。虽然在 20 世纪 40 年代末已经出现了“Hebbian 学习规则”，但是这种学习机制在处理有标签的学习问题时存在较大缺陷，因此限制了其使用范围。1958 年，罗森布拉特提出了线性感知机模型，通过不断地进行迭代解决了线性可分问题。与之相应，有监督的学习算法、梯度下降寻优等学习规则也应运而生。这个阶段，感知机被应用在声音、信号的识别方面，同时学习记忆能力也得到了提高。

从 20 世纪 60 年代中叶到 70 年代中叶，人们逐渐发现了线性感知机所存在的问题。由于在机器学习过程中需要处理较大数量的数据，而当时计算机的计算速度和存储容量都不能满足需要，因此神经网络的研究受到了冷落。人工智能和机器学习领域的研究人员不再对基于数据的研究模式感兴趣，而是转向了逻辑分析和推理模型方面。在这期间专家系统逐渐发展了起来。专家系统通常由知识库、推理机及解释器等组成。在知识库中存放有对于问题求解所需要的专家知识，而推理机负责运用知识库中所存储的知识来进行问题求解。在推理过程中，推理机会针对问题与知识库中的知识进行反复比较和匹配，从而得出结果。解释器主要是进行问题解释，例如为什么要提出相应的问题，在得出结论的过程中，机器（计算机）的运算过程是怎样的，即机器是如何得出结论的。专家系统的基本结构如图 1－2 所示。

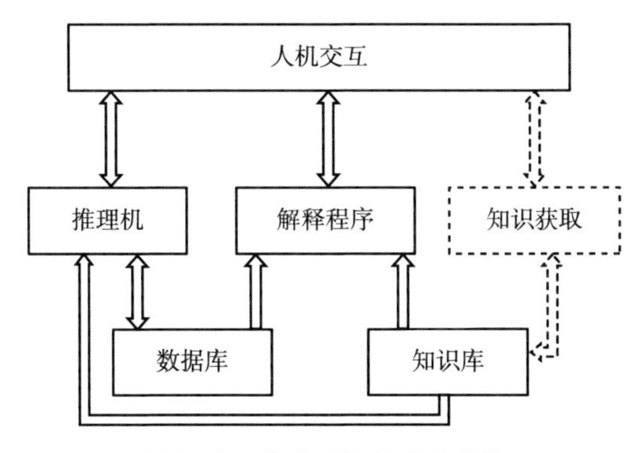

图 1－2　专家系统的基本结构

在专家系统蓬勃发展的同时，也有人指出了其存在的一些问题，这主要表现在：首先，专家知识库中各条规则的相互关系并不明确，单独的一条规则表述比较简单，但是当规则的量增大时，其中的逻辑关系却不能进行交互，很难看到单个规则对于决策所起的作用，也就是说，专家系统缺乏分层的知识表达；其次，专家系统的搜索策略效率不高，对于大型系统，推理引擎会搜索所有的规则，这就限制了专家系统的应用，即其不适于大型系统的实时处理；最后，专家系统几乎没有学习能力，它只能在现有的规则中进行推理，而不能不断地从实践中调整和丰富知识库。知识库的更新仍然需要人工来进行。

尽管专家系统存在这些问题，但仍然完成了在那个年代所被赋予的任务，这是人工智能走过的一个必不可少的阶段。虽然它并不能进行自我学习，但是它为以后人工智能向机器具有自动学习的功能迈进提供了发展方向。

在接下来的十年间，围绕专家系统知识库的自我更新和知识获取的研究促进了机器学习的发展。同时计算机科学和技术的不断进步，也使得智能系统与实际工程问题相结合成为可能。在这个阶段，反馈型神经网络的提出使得感知机“进化”为神经网络。连接主义的理论为神经网络的发展提供了心理学和哲学的基础。各种形式的智能算法几乎都依附于神经网络，通过改变网络结构和活化函数来处理不同的问题，同时对于提高神经网络的特性（例如稳定性、收敛情况）的研究也层出不穷。这段时间堪称神经网络（感知机）的全面复兴时期。人们对于神经网络充满了空前的信心，神经网络的热度不但涉及科学技术领域，而且也扩散到了其他很多领域：很多科幻小说甚至是儿童动画片都以连接主义、神经网络的基本技术为故事背景，日本著名动画片《铁臂阿童木》就是其中的典型范例。

20 世纪 80 年代以后，人工智能的发展似乎放缓了许多。因为在这一阶段信息技术、互联网技术更为热门。很多相关领域的研究人员将精力放在了这些方面，而人工智能似乎被冷落了。此外，在人工智能范围内，也出现了各学派相互争鸣的态势，例如，基于统计学理论的统计学习方法对神经网络的批评，仿生智能的遗传算法、智能群体算法对于寻优方法的不断改进等。但从另一方面看，这种局面也可以看作人工智能、机器学习领域百花齐放的一个开端。

进入 21 世纪以后，模式识别成为信息领域的“显学”。随着图像识别、自然语言处理、机器翻译等领域所提出的要求不断提升，人工智能和机器学习有了长足的进步。特别是在 2016 年韩国棋手李世石与谷歌 Alpha Go 进行的围棋人机大战中，人工智能 Alpha Go 以总比分 4∶1 获胜，更使人工智能、深度学习名声大噪，又一次掀起了机器学习研究的高潮。当前，机器学习的发展正蓬勃进行，其发展前景也许真正是不可限量的。

第三节　机器学习的分类

几十年来，研究发表的机器学习的方法种类很多，根据强调侧面的不同可以有多种分类方法。

一、基于学习策略的分类

（一）模拟人脑的机器学习

符号学习：模拟人脑的宏观心理级学习过程，以认知心理学原理为基础，以符号数据为输入，以符号运算为方法，用推理过程在图或状态空间中搜索，学习的目标为概念或规则等。符号学习的典型方法有记忆学习、示例学习、演绎学习、类比学习、解释学习等。

神经网络学习（或连接学习）：模拟人脑的微观生理级学习过程，以脑和神经科学原理为基础，以人工神经网络为函数结构模型，以数值数据为输入，以数值运算为方法，用迭代过程在系数向量空间中搜索，学习的目标为函数。典型的连接学习有权值修正学习、拓扑结构学习。

（二）直接采用数学方法的机器学习

主要有统计机器学习。统计机器学习是基于对数据的初步认识以及学习目的的分析，选择合适的数学模型，拟定超参数，并输入样本数据，依据一定的策略，运用合适的学习算法对模型进行训练，最后运用训练好的模型对数据进行分析预测。

统计机器学习有以下三个要素。

（1）模型：模型在未进行训练前，其可能的参数是多个甚至无穷的，故可能的模型也是多个甚至无穷的，这些模型构成的集合就是假设空间。

（2）策略：从假设空间中挑选出参数最优的模型的准则。模型的分类或预测结果与实际情况的误差（损失函数）越小，模型就越好。那么策略就是误差最小。

（3）算法：从假设空间中挑选模型的方法（等同于求解最佳的模型参数）。机器学习的参数求解通常都会转化为最优化问题，故学习算法通常是最优化算法，例如，最速梯度下降法、牛顿法以及拟牛顿法等。

二、基于学习方式的分类

（一）监督学习

监督学习指的是训练数据中每个样本都有标签，通过标签可以指导模型进行学习，学到具有判别性的特征，从而对未知样本进行预测。如图像分类比赛 ImageNet，通过利用每张图像已有的标签训练模型，使得模型可以对未知的图像进行预测，得到相应的分类结果。

（二）无监督学习

无监督学习指的是训练数据完全没有标签，通过算法从数据中发现一些数据之间的约束关系，比如数据之间的关联、距离关系等。典型的无监督算法如聚类，根据一定的度量指标，将“距离”相近的样本聚集在一起。

（三）半监督学习

半监督学习指的是介于监督学习和无监督学习之间的一种学习方式。它的训练数据既包含标签数据，也包含无标签数据。假设标签数据和无标签数据都是从同一个分布采样而来，那无标签数据中含有一些数据分布相关的信息，可以作为标签数据之外的补充。这种情况在现实中是非常常见的。如在互联网行业，每天会产生大量的数据，这些数据部分可能携带标签，但更多的数据是不带标签的，如果靠人工去标记这些无标签数据，代价是相当大的，而半监督学习可以提供一些解决思路。

三、基于数据形式的分类

（一）结构化学习

结构化学习是指以结构化数据为输入，以数值计算或符号推演为方法。典型的结构化学习有神经网络学习、统计学习、决策树学习、规则学习。

（二）非结构化学习

非结构化学习是以非结构化数据为输入，典型的非结构化学习有类比学习案例学习、解释学习、文本挖掘、图像挖掘、网页挖掘等。

四、基于学习目标的分类

（一）概念学习

学习的目标和结果为概念，或者说是为了获得概念的学习。典型的概念学习主要有示例学习。

（二）规则学习

学习的目标和结果为规则，或者为了获得规则的学习。典型的规则学习主要有决策树学习。

（三）函数学习

学习的目标和结果为函数，或者说是为了获得函数的学习。典型的函数学习主要有神经网络学习。

（四）类别学习

学习的目标和结果为对象类，或者说是为了获得类别的学习。典型的类别学习主要有聚类分析。

（五）贝叶斯网络学习

学习的目标和结果是贝叶斯网络，或者说是为了获得贝叶斯网络的一种学习。其又可分为结构学习和多数学习。

常见的机器学习算法如表 1 -1 所示。

表 1-1 常见的机器学习算法

类别	简述
回归	线性、多项式、逻辑、逐步、指数、多元自适应回归样条等
分类	k-近邻、决策树、贝叶斯、支持向量机、学习矢量量化、自组织映射、局部加权学习等
贝叶斯网络	贝叶斯分类器、高斯、多项式、平均依赖估计、贝叶斯信念、贝叶斯网络等
决策树	决策树、随机森林、分类和回归树、ID3、C4.5、CART 等
聚类	聚类分析、k-均值、层次聚类、基于密度的聚类、基于网络的聚类等
降维	主成分分析、多维尺度分析、奇异值分析、主成分回归、偏最小二乘回归等
关联分析	Apriori、关联规则、FP-Growth 等、协同过滤
人工神经网络	感知器、反向传播、径向基函数网络等
组合	神经网络、自助聚合、提升法等

本书主要侧重于研究贝叶斯分类器、决策树、人工神经网络、数据降维、关联规则和协同过滤等算法。

第四节 机器学习的发展前景

对于机器学习发展的展望，我们应该持有谨慎的乐观态度。在将来的一段时间，机器学习可能会有比较大的发展，但同时也面临一些挑战。机器学习所面临的任务还有很多，而不仅仅是传统意义上的拟合、分类。机器学习要想不断提升自身水平，首先需要支撑机器学习算法的性能优良的硬件设备。在人机（Alpha Go）围棋大战两个月后，谷歌的硬件工程师就公布了张量处理单元（tensor processing unit，TPU）已经应用于深度学习的情况。有的技术人员声称“TPU 处理速度比当前 GPU 和 CPU 快 15 到 30 倍”，也有人对这样的比较提出了质疑，但是不可否认的是机器学习的发展促进了硬件的不断发展和改进，以适应各种复杂的算法，同时也在一定程度上预示着专用集成电路（application specific integrated circuit，ASIC）的应用将会在机器学习的硬件领域内占据主导地位。集成电路的发展势必会影响半导体材料等各方面的发展，因此随着机器学习的发展，相关的材料学科、微电子学科等将会搭乘机器学习这艘科技巨舰不断发展，两者互相促进，相得益彰。

机器学习依赖于良好的硬件平台，但其真正的精髓还是行之有效的优良算法。从目前的情况看，机器学习的两大派别——即统计学习与神经网络（仿生智能），虽然这两种学习理论还有一定的区别和争鸣，但更多地可能是逐渐合流的趋势。这两种方法的有效融合可能标志着演绎推理算法和归纳推理算法的交相互融，从哲学方法论角度来讲应该会比单纯使用一种推理方法有更加强大的生命力，在实际的推理过程中会有更为上佳的表现。

另外，机器学习与其他学科的相互结合也会推动各方面的发展。例如，机器学习与网络技术结合，通过机器学习模型进行故障的检测和诊断，可以减轻运维人员的工作强度；机器学习与网络技术结合，可对各种计算模型进行训练等。机器学习与机器人技术结合，可以大大促进类人机器人的发展，也许不仅具有“十万马力、七大神力”，而且智力超常的“阿童木”真的会在21世纪出现。

当然，在对机器学习的发展持有如此乐观态度的同时，我们也不能缺少人文关怀。因为毕竟所有技术的发展都应该是为“人”这个主体服务的。鉴于此，我们更应该持有尤瓦尔·赫拉利（Yuval Noah Harari，2018）所著《今日简史》中所说的“谦逊：地球不是绕着你转”的态度，这样也许会给机器学习的未来增添更多的支撑因素。

最后要说的是，所有的预测和展望不过是一种概然性的判断。对于机器学习的未来，让我们共同拭目以待吧！

第二章

机器学习的数学基础

数学是机器学习的基础，各种算法及理论需要大量使用微积分、线性代数、概率论、最优化方法等数学知识，尤其是最优化理论。本章对这些数学知识进行简要分析。

第一节　线性代数与矩阵分析基础

线性代数与矩阵分析是数学的重要分支，对于从初等数学走向高等数学乃至现代数学有着非常重要的意义，在机器学习领域也是不可或缺的数学工具。本节将对几个在机器学习中常用和重要的知识点进行讨论。

一、线性空间基础

线性空间也称为向量空间，是线性代数和矩阵理论的基本概念之一。很多数学问题，当然也包括在机器学习中的问题都是基于此展开的。一般来讲，线性空间可以用公理化的定义给出：

设 F 是一个数域。一个 F 上的线性空间是一个集合 V 的如下两类运算。

1. 加法运算

加法运算是指，集合 V 中的任意两个元素 $\boldsymbol{\alpha}$ 和 $\boldsymbol{\beta}$（一定要注意这两个元素是向量）按照某一法则对应于 V 内有唯一确定的一个元素 $\boldsymbol{\gamma}$，称为 $\boldsymbol{\alpha}$ 与 $\boldsymbol{\beta}$ 的和。该运算记作“+”。

2. 数乘运算

数乘运算是指在 F 与 V 的元素间定义了一种运算，对 V 中任意元素 $\boldsymbol{\alpha}$ 和 F 中任意元素 k，都按某一法则对应 V 内唯一确定的一个元素 $k\boldsymbol{\alpha}$，称为 k 与 $\boldsymbol{\alpha}$ 的积。

两种运算应满足以下八条规则：

（1）向量的加法交换律。加法交换律即 $\boldsymbol{\alpha}+\boldsymbol{\beta}=\boldsymbol{\beta}+\boldsymbol{\alpha}$，对任意 $\boldsymbol{\alpha}$，$\boldsymbol{\beta}\in V$。

（2）向量的加法结合律。加法结合律即 $\boldsymbol{\alpha}+(\boldsymbol{\beta}+\boldsymbol{\gamma})=(\boldsymbol{\alpha}+\boldsymbol{\beta})+\boldsymbol{\gamma}$，对任意 $\boldsymbol{\alpha},\boldsymbol{\beta},\boldsymbol{\gamma}\in V$。

（3）向量加法的单位元。也就是在集合 V 中有一个叫零向量（加法单位元）的元素“0”，对一切 $\boldsymbol{\alpha}\in V$ 有：

$$\boldsymbol{\alpha}+0=\boldsymbol{\alpha} \tag{2-1}$$

（4）向量加法的逆元素。也就是在集合 V 中有一个逆元素（加法逆元素），对一切 $\boldsymbol{\alpha}\in V$，都存在 $\boldsymbol{\beta}\in V$，使得，

$$\boldsymbol{\alpha}+\boldsymbol{\beta}=0 \tag{2-2}$$

$\boldsymbol{\beta}$ 称为 $\boldsymbol{\alpha}$ 的负元素，记为 $-\boldsymbol{\alpha}$。

（5）数乘（标量乘法）的单位元。也就是在集合 V 中有一个叫单位向量（标量乘法单位元）的元素“1”，对一切 $\boldsymbol{\alpha}\in V$ 有：

$$1\boldsymbol{\alpha}=\boldsymbol{\alpha} \tag{2-3}$$

（6）数乘（标量乘法）对于向量加法的分配律。也就是对于任意的数 $k\in F$ 向量 $\boldsymbol{\alpha},\boldsymbol{\beta}\in V$，有：

$$k(\boldsymbol{\alpha}+\boldsymbol{\beta})=k\boldsymbol{\alpha}+k\boldsymbol{\beta} \tag{2-4}$$

（7）数乘对于数的乘法结合律。也就是对于任意的数 $k,m\in F$，向

量$\boldsymbol{\alpha} \in V$，有：

$$(km)\boldsymbol{\alpha} = k(m\boldsymbol{\alpha}) \tag{2-5}$$

（8）数乘对于数加的分配律。也就是对于对任意的数 $k, m \in F$，向量$\boldsymbol{\alpha} \in V$，有：

$$(k+m)\boldsymbol{\alpha} = k\boldsymbol{\alpha} + m\boldsymbol{\alpha} \tag{2-6}$$

二、范数

范数的定义如下：

如果 V 是数域 F 的线性空间，定义一种运算 $\|\cdot\|: V \to R$，这种运算满足：

（1）正定性：$\|x\| \geqslant 0$，且 $\|x\| = 0 \Leftrightarrow x = 0$；

（2）正齐次性：$\|cx\| = \|c\| \|x\|$；

（3）次可加性（三角不等式）：$\|x+y\| \leqslant \|x\| + \|y\|$。

那么，$\|\cdot\|$ 称为 V 上的一个范数。

范数的种类多种多样，只要满足以上三个条件，就可以称其为范数。

与线性空间相联系，如果在线性空间上定义了范数，则称之为赋范线性空间。相当于赋予了某种“距离”定义的某个线性空间。

以上所说的是向量的范数定义。对于矩阵来讲，也有范数的定义。一般来讲矩阵范数除了正定性、齐次性和次可加性（三角不等式）之外，还规定其必须满足相容性：

$$\|XY\| \leqslant \|X\| \|Y\| \tag{2-7}$$

因此，矩阵范数通常也称为相容范数。

下面给出几个常用的范数的定义。先以向量范数为例，即 p－范数。这里的“p”可以大致地看作“次方”的意思。

在 n 维实数空间 R^n中，有向量 $\mathbf{x} = [x_1, x_2, \cdots, x_n]^T$，则，

$$\|\mathbf{x}\|_p = (|x_1|^p + |x_2|^p + \cdots + |x_n|^p)^{\frac{1}{p}} \tag{2-8}$$

称为向量的 p－范数。其中$|\cdot|$为绝对值运算。

如前所述，“p”可以大致地看作“次方”或者“幂”的意思，可以是任意的有理数。但一般常用的范数有 1－范数、2－范数和无穷范数，也就是 p 取 1、2、∞ 的时候。具体的定义形式如下：

1－范数：

$$\|\mathbf{x}\|_1 = |x_1| + |x_2| + \cdots + |x_n| \tag{2-9}$$

2－范数：

$$\|\mathbf{x}\|_2 = (|x_1|^2 + |x_2|^2 + \cdots + |x_n|^2)^{\frac{1}{2}} = \sqrt[2]{|x_1|^2 + |x_2|^2 + \cdots + |x_n|^2} \tag{2-10}$$

无穷范数：

$$\|\mathbf{x}\|_\infty = \max(|x_1| + |x_2| + \cdots + |x_n|) \tag{2-11}$$

其中，2－范数就是通常意义下的距离，也叫欧式范数。

在低维空间中，可以将范数形象地表达出来。图 2－1 所示就是二维空间中几个 p－范数的情况（在单位情况下）。从图中可以看出：1－范数是菱形，2－范数是圆，$p<1$ 的时候会是一个“凹”曲边菱形，而当 $p>1$ 时就形成了一个“凸”的情况，那么可以推广想象一下当 $p \to \infty$ 时的情况。

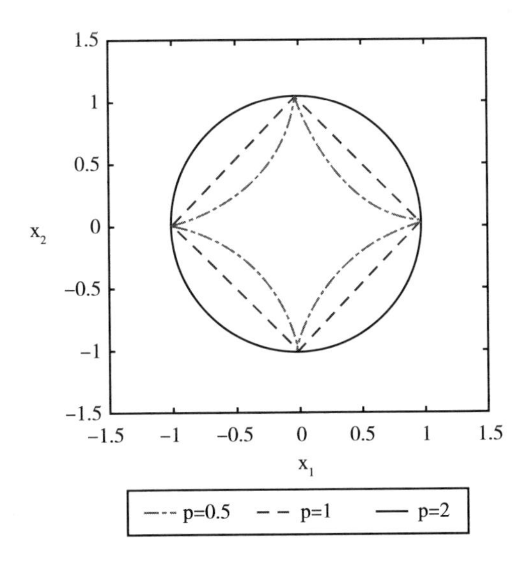

图 2－1　几种范数

在矩阵范数中，给出 Frobenius 范数的定义。对于矩阵 **A**，其 Frobenius 范数定义为：

$$\|\mathbf{A}\|_F = \sqrt{\sum_{i,j} A_{i,j}^2} = \sqrt{\sum_{i=1}^{m}\sum_{j=1}^{n} |a_{i,j}|^2} \tag{2-12}$$

即矩阵 **A** 各项元素的绝对值平方的总和。这一定义与向量的 2－范数非常类似。

三、矩阵运算及其分解

下面主要分析几种在机器学习理论中比较重要的矩阵运算，主要包括迹运算、伪逆运算、特征值与特征向量、奇异值分解。

（一）迹运算

方阵 **A** 的迹运算定义如下：

$$\mathrm{Tr}(\mathbf{A}) = \sum_i A_{i,i} \tag{2-13}$$

即方阵 **A** 的对角线元素之和。Tr 是英文 Trace 的缩写。方阵的迹在计算中有很多用处，例如，对于同一线性变换，虽然在不同的基下其表现形式不同，但是这些矩阵的迹是相同的。这就让人联想到矩阵特征值也有这样的特性，因此可以很快地得到迹的一条性质：方阵的迹与其特征值之和相等。

接下来不加证明地给出迹的几条性质，这些性质的证明在很多文献中都能找到，在此不再赘述。

性质 2.1：方阵的迹与其特征值之和相等。

性质 2.2：$\mathrm{Tr}(\mathbf{A}) = \mathrm{Tr}(\mathbf{A}^T)$。

性质 2.3：$\mathrm{Tr}(\mathbf{AB}) = \mathrm{Tr}(\mathbf{BA})$。推广（可作为迭代形式）：

$$\mathrm{Tr}\left(\prod_{i=1}^{n} \mathbf{A}^{(i)}\right) = \mathrm{Tr}\left(\mathbf{A}^{(n)} \prod_{i=1}^{n-1} \mathbf{A}^{(i)}\right) \tag{2-14}$$

性质 2.4：与 Frobenius 范数的关系：

$$\|\mathbf{A}\|_F = \sqrt{\mathrm{Tr}(\mathbf{A}\mathbf{A}^T)} \tag{2-15}$$

性质2.5：分配律：

$$\mathrm{Tr}(m\mathbf{A}+n\mathbf{B})=m\mathrm{Tr}(\mathbf{A})+n\mathrm{Tr}(\mathbf{B}) \tag{2-16}$$

（二）伪逆运算

线性代数中规定只有非奇异方阵具有逆，但经常会遇到非方阵的情况也需要计算其“逆”。于是将其推广至一种广义形式，称之为矩阵的伪逆。例如，在如下的线性方程运算中：

$$\mathbf{A}x=y \tag{2-17}$$

如果 $\mathbf{A}$ 是非方阵，则没有唯一解，可以用最小二乘等方法来进行处理。此处，我们介绍矩阵的伪逆，也称为 Moore-Penrose 逆。

若矩阵 G 满足以下条件：

（1）$\mathbf{AGA}=\mathbf{A}$；

（2）$\mathbf{GAG}=\mathbf{G}$；

（3）$(\overline{\mathbf{AG}})'=\mathbf{AG}$；

（4）$(\overline{\mathbf{GA}})'=\mathbf{GA}$；

则称 $\mathbf{G}$ 为矩阵 $\mathbf{A}$ 的 Moore-Penrose 逆，用$\mathbf{A}^+$表示。也可以用以下形式给出：

$$\mathbf{A}^+=\mathbf{A}=\lim_{\alpha\to 0}(\mathbf{A}^*\mathbf{A}+\alpha\mathbf{I})^{-1}\mathbf{A}^* \tag{2-18}$$

这里要注意的是，$\mathbf{A}^*$ 在实数矩阵的范畴内可以理解为矩阵 $\mathbf{A}$ 的转置 $\mathbf{A}^T$，而在复矩阵的范畴内则是共轭转置。当然，这样的定义对于实际的计算来讲是非常繁复的，没有太大的意义。在实际的工作中，可以使用相关的软件比如 Matlab 来进行计算；对于小规模的矩阵，当然也可以手工计算，这就涉及矩阵的奇异值分解。

（三）特征值与特征向量

对于一个 n 阶矩阵 $\mathbf{A}$，如果存在一个数 λ 和一个非 $\mathbf{0}$ 向量 x，满足，

$$\mathbf{A}x=\lambda x$$

则称 λ 为矩阵 $\mathbf{A}$ 的特征值，x 为该特征值对应的特征向量。根据上面

的定义有下面线性方程组成立：

$$(\mathbf{A}-\lambda\mathbf{I})x=0 \tag{2-19}$$

根据线性方程组的理论，要让齐次方程有非 0 解，系数矩阵的行列式必须为 0，即，

$$|\mathbf{A}-\lambda\mathbf{I}|=0 \tag{2-20}$$

式（2－20）左边的多项式称为矩阵的特征多项式。求解这个 n 次方程可以得到所有特征值，方程的根可能是复数。高次方程的求根很困难，5 次或者 5 次以上的代数方程没有公式解，因此一般求数值解，即近似解。求解矩阵特征值的经典方法是 QR 算法和雅可比法，如果想详细了解，可以阅读数值分析教材。

特征值和特征向量在机器学习的很多算法中都有应用，典型的包括正态贝叶斯分类器、主成分分析、流形学习、线性判别分析、谱聚类等。

一个 n 阶矩阵如果满足：

$$\mathbf{P}^{-1}=\mathbf{P}^{\mathrm{T}}$$

则称为正交矩阵。正交矩阵的行列式为 1，它的行、列向量之间相互正交，相同的行或列的内积为 1，不同行或列的内积为 0。

对于一个 n 阶矩阵 **A**，如果存在一个正交矩阵 **P**，使得：

$$\mathbf{P}^{-1}\mathbf{A}\mathbf{P}=\mathbf{\Lambda}$$

则称 **P** 为对角化旋转矩阵，其中 **Λ** 为对角矩阵。矩阵 **Λ** 的对角线元素为矩阵 **A** 的特征值，矩阵 **P** 的列为矩阵 **A** 的正交化特征向量。一个 n 阶矩阵可以对角化的充分必要条件是存在 n 个线性无关的特征向量。实对称矩阵一定可以对角化，在机器学习中，协方差矩阵之类的矩阵都是对称矩阵。

（四）奇异值分解

矩阵对角化只适用于方阵，如果不是方阵也可以进行类似的分解，这就是奇异值分解，简称 SVD。假设 **A** 是一个 m × n 的矩阵，则存在如下分解：

$$\mathbf{A}=\mathbf{U}\Sigma\mathbf{V}^{\mathrm{T}} \tag{2-21}$$

其中，$\mathbf{U}$ 为 $m\times m$ 的正交矩阵，其列称为矩阵 $\mathbf{A}$ 的左奇异向量；Σ 为 $m\times n$ 的对角矩阵，除了主对角线 σ_{ii} 以外，其他元素都是 0；$\mathbf{V}$ 为 $n\times n$ 的正交矩阵，其行称为矩阵 $\mathbf{A}$ 的右奇异向量。$\mathbf{U}$ 的列为 $\mathbf{A}\mathbf{A}^T$ 的特征向量，$\mathbf{V}$ 的列为 $\mathbf{A}^T\mathbf{A}$ 的特征向量。奇异值分析在求解线性方程组、逆矩阵、行列式中都有应用。

第二节　概率与统计基础

如果把机器学习处理的变量看成是随机变量，则可以用概率论的方法建模。本节简单介绍机器学习将要使用的概率论知识。

一、随机事件与概率

随机事件 a 是指可能发生也可能不发生的事件，它有一个发生概率 $p(a)$，且该概率值满足如下约束：

$$0\leqslant p(a)\leqslant 1$$

即概率值为 0 ~ 1，这个值越大，事件越可能发生。如果一个随机事件发生的概率为 0，称为不可能事件；如果一个随机事件发生的概率为 1，则称为必然事件。例如，抛一枚硬币，可能正面朝上，也可能反面朝上，两种事件发生的概率是相等的，各为 0.5。

二、条件概率

对于两个相关的随机事件 a 和 b，在事件 a 发生的条件下事件 b 发生的概率称为条件概率 $p(b\mid a)$，定义为：

$$p(b\mid a)=\frac{p(a,b)}{p(a)} \tag{2-22}$$

即 a 和 b 同时发生的概率与 a 发生的概率的比值。如果事件 a 是因，事件 b 是果，则概率 $p(a)$ 称为先验概率。后验概率定义为：

$$p(a|b)=\frac{p(a,b)}{p(b)} \tag{2-23}$$

贝叶斯公式指出：

$$p(a)p(b|a)=p(b)p(a|b) \tag{2-24}$$

变形后为：

$$p(a|b)=\frac{p(a)p(b|a)}{p(b)} \tag{2-25}$$

贝叶斯公式描述了先验概率和后验概率之间的关系。如果有 $p(b|a)=p(b)$，或者 $p(a|b)=p(a)$，则称随机事件 a 和 b 独立。如果随机事件 a 和 b 独立，则有：

$$p(a,b)=p(a)p(b) \tag{2-26}$$

可以将上面的结论进行推广，如果 n 个随机事件 a_i，$i=1,2,\cdots,n$ 相互独立，则它们同时发生的概率等于它们各自发生的概率的乘积：

$$p(a_1,a_2,\cdots,a_n)=\prod_{i=1}^{n}p(a_i) \tag{2-27}$$

三、随机变量

随机变量是取值有多种可能并且取每个值都有一个概率的变量。它分为离散型和连续型两种，离散型随机变量的取值为有限个或者无限可列个（整数集是典型的无限可列个），连续型随机变量的取值为无限不可列个（实数集是典型的无限不可列个）。

描述离散型随机变量的分布情况的工具是概率质量函数，它由随机变量取每个值的概率 $p(x=x_i)=p_i$ 依次排列组成。它满足：

$$p_i\geqslant 0$$

$$\sum p_i=1$$

把概率质量函数推广到无限情况，就可以得到连续型随机变量的概率密度函数。一个函数如果满足如下条件，则可以称为概率密度函数：

$$f(x) \geqslant 0$$

$$\int_{-\infty}^{+\infty} f(x)\,dx = 1$$

这可以看作离散型随机变量的推广，积分值为 1 对应于取个值的概率之和为 1。这里的密度可类比物理中的密度。分布函数是概率密度函数的变上限积分，它定义为：

$$F(y) = p(x \leqslant y) = \int_{-\infty}^{y} f(x)\,dx \tag{2-28}$$

显然这个函数是增函数，而且其最大值为 1。分布函数的意义是随机变量 $x \leqslant y$ 的概率。注意，连续型随机变量取某一个值的概率为 0，但是其取值落在某一个区间的值可以不为 0：

$$p(x_1 < x < x_2) = \int_{x_1}^{x_2} f(x)\,dx = F(x_2) - F(x_1) \tag{2-29}$$

最常见的连续型概率分布是正态分布，也称为高斯分布。其概率密度函数为：

$$f(x) = \frac{1}{\sqrt{2\pi}\sigma} e^{-\frac{(x-\mu)^2}{2\sigma^2}} \tag{2-30}$$

其中，μ 和 σ^2 分别为均值和方差。现实世界中的很多数据，例如，人的身高、体重、寿命等都近似服从正态分布。另外一种常用的分布是均匀分布，如果随机变量 x 服从 $[a,b]$ 的均匀分布，则其概率密度函数为：

$$f(x) = \begin{cases} \frac{1}{b-a}, & a \leqslant x \leqslant b \\ 0, & x < a, x > b \end{cases}$$

编程语言中的随机函数服从离散的均匀分布。伯努利分布也是一种常用的分布，这是一种离散型随机变量的概率分布。变量取值只能是 0 和 1，取这两种值的概率为：

$$p(x=1) = p \tag{2-31}$$

$$p(x=0) = 1 - p \tag{2-32}$$

其中，p 为［0,1］的一个实数。对于二分类问题，分类结果可以看作伯努利分布。

四、数学期望与方差

数学期望是加权平均值的抽象，是随机变量在概率意义下的均值。对于离散型随机变量 x，数学期望定义为：

$$E(x)=\sum x_i p(x_i) \tag{2-33}$$

方差定义为：

$$D(x)=\sum [x_i-E(x)]^2 p(x_i) \tag{2-34}$$

推广到连续的情况，假设有一个连续型随机变量 x 的概率密度函数是 f(x)，其数学期望定义为：

$$E(x)=\int_{-\infty}^{+\infty} xf(x)dx \tag{2-35}$$

根据定积分的定义，连续型数学期望就是离散型数学期望的极限情况。对于连续型随机变量，方差定义为：

$$D(x)=\int_{-\infty}^{+\infty}[x-E(x)]^2 f(x)dx \tag{2-36}$$

方差反映的是随机变量取值变化的程度，方差越小，随机变量的变化幅度越小，反之越大。

五、随机向量

上面定义的随机变量是单个变量，如果推广到多个变量，就得到随机向量。随机向量 x 是一个向量，它的每个分量都是随机变量。同样，随机向量有离散型和连续型两种情况。描述离散型随机向量分布的是联合概率质量函数：

$$p(\mathbf{x}=\mathbf{x}_i)$$

对于二维离散型随机向量，这是一个二维表：

$$p(x=x_i, y=y_j)$$

描述连续型随机向量的联合密度函数，这是一个多元函数。如果是二维随机变量，则其联合概率密度函数满足：

$$f(x_1, x_2) \geqslant 0$$

$$\int_{-\infty}^{+\infty}\int_{-\infty}^{+\infty} f(x_1, x_2)\,dx_1 dx_2 = 1$$

更高维的概率密度函数也需要满足这两个条件。

对于离散型随机向量，边缘概率定义为：

$$p(x = x_i) = \sum_{y} p(x = x_i, y = y_j) \qquad (2-37)$$

对于连续型随机向量，边缘密度函数定义为：

$$f(x_1) = \int_{-\infty}^{+\infty} f(x_1, x_2)\,dx_2 \qquad (2-38)$$

$$f(x_2) = \int_{-\infty}^{+\infty} f(x_1, x_2)\,dx_1 \qquad (2-39)$$

它是对其中一个分量的积分。条件概率密度函数定义为：

$$f(x_1 | x_2) = \frac{f(x_1, x_2)}{f(x_2)} \qquad (2-40)$$

有了条件密度函数，就可以定义两个随机变量之间的独立性：

$$f(x_1 | x_2) = f(x_1) \qquad (2-41)$$

显然，如果两个随机变量独立，则有：

$$f(x_1, x_2) = f(x_1) f(x_2) \qquad (2-42)$$

描述两个随机变量之间线性关系强弱的是协方差，定义为：

$$\mathrm{cov}(x_1, x_2) = E[(x_1 - E(x_1))(x_2 - E(x_2))] \qquad (2-43)$$

可以证明下式成立：

$$\mathrm{cov}(x_1, x_2) = E(x_1 x_2) - E(x_1)E(x_2) \qquad (2-44)$$

对于 n 维随机向量 $\mathbf{x}$，其任意两个分量 x_i 和 x_j 之间的协方差 $\mathrm{cov}(x_1, x_2)$ 组成的矩阵称为协方差矩阵，协方差矩阵是一个对称矩阵。

将一维的正态分布推广到高维，可以得到多维正态分布概率密度函数为：

$$f(\mathbf{x})=\frac{1}{(2\pi)^{\frac{\pi}{2}}\mid\Sigma\mid^{\frac{1}{2}}}\exp\left[-\frac{1}{2}(\mathbf{x}-\boldsymbol{\mu})^{T}\Sigma^{-1}(\mathbf{x}-\boldsymbol{\mu})\right] \quad (2-45)$$

其中，$\mathbf{x}$ 为 n 维随机向量，$\boldsymbol{\mu}$ 为均值向量，Σ 为协方差矩阵。在机器学习中，正态贝叶斯分类器假设向量服从这种分布。

六、最大似然估计

有些应用中已知样本服从的分布，例如服从正态分布，但是要估计分布函数的参数 θ，例如均值和协方差。确定这些参数常用的一种方法是最大似然估计。

最大似然估计（maximum likelihood estimate，MLE）构造一个似然函数，通过让似然函数最大化求解出 θ。最大似然估计的直观解释是，寻求一组参数，使得给定的样本集出现的概率最大。假设样本服从的概率密度函数为 $p(\mathbf{x};\theta)$，其中，$\mathbf{x}$ 为随机变量，$\boldsymbol{\theta}$ 为要估计的参数。给定一组样本 $\mathbf{x}_i$，$i=1,2,\cdots,l$，它们都服从这种分布，并且相互独立。最大似然估计构造如下似然函数：

$$L(\theta)=\prod_{i=1}^{l}p(\mathbf{x}_i;\boldsymbol{\theta}) \quad (2-46)$$

其中，$\mathbf{x}$ 是已知量，这是一个关于 $\boldsymbol{\theta}$ 的函数，要让该函数的值最大化，这样做的依据是这组样本发生了，应该最大化它们发生的概率，即似然函数。这就是求解如下最优化问题：

$$\max\prod_{i=1}^{l}p(\mathbf{x}_i;\boldsymbol{\theta})$$

乘积求导不易处理，因此对该函数取对数，得到对数似然函数：

$$\ln L(\boldsymbol{\theta})=\ln\prod_{i=1}^{l}p(\mathbf{x}_i;\boldsymbol{\theta})=\sum_{i=1}^{l}\ln p(\mathbf{x}_i;\boldsymbol{\theta}) \quad (2-47)$$

最后要求解的问题为：

$$\max\sum_{i=1}^{l}\ln p(\mathbf{x}_i;\boldsymbol{\theta}) \quad (2-48)$$

第三节　优化理论基础

本章节介绍最优化方法，即寻找函数极值点的方法。通常采用的是迭代法，它从一个初始点 x_0 开始，反复使用某种规则从 x_k 移动到下一个点 x_{k+1}，直至到达函数的极值点。这些规则一般会利用一阶导数信息即梯度；或者二阶导数信息即 Hessian 矩阵。算法的依据是寻找梯度值为 0 的点，因为根据极值定理，在极值点处函数的梯度必须为 0。需要注意的是，梯度为 0 是函数取得极值的必要条件而非充分条件，即使找到了梯度为 0 的点，也可能不是极值点。

我们将最优化问题统一表述为求解函数的极小值问题，即：

$$\min_x f(x)$$

其中，x 称为优化变量，f 称为目标函数。极大值问题可以转换成极小值问题，只需将目标函数加上负号即可。有些时候会对优化变量有约束，如等式约束和不等式约束，它们定义了优化变量的可行域，即满足约束条件的点构成的集合。

一、梯度下降法

梯度下降法沿梯度向量的反方向进行迭代以到达函数的极值点。根据多元函数的泰勒展开公式，如果忽略二次及以上的项，函数 f(x) 在 x 点处可以展开为：

$$f(\mathbf{x}+\Delta\mathbf{x})=f(\mathbf{x})+(\nabla f(\mathbf{x}))^T\Delta\mathbf{x}+o(\|\Delta\mathbf{x}\|^2) \qquad (2-49)$$

变形之后，函数的增量与自变量的增量 $\Delta\mathbf{x}$、函数梯度的关系可以表示为：

$$f(\mathbf{x}+\Delta\mathbf{x})-f(\mathbf{x})=(\nabla f(\mathbf{x}))^T\Delta\mathbf{x}+o(\|\Delta\mathbf{x}\|^2) \qquad (2-50)$$

如果能保证：

$$(\nabla f(\mathbf{x}))^T\Delta\mathbf{x}<0$$

则有：

$$f(\mathbf{x}+\Delta\mathbf{x})<f(\mathbf{x})$$

即函数值递减。选择合适的增量 $\Delta\mathbf{x}$ 就能保证函数值下降。可以证明，向量 $\Delta\mathbf{x}$ 的模大小一定时，当 $\Delta\mathbf{x}=-\nabla f(\mathbf{x})$ 即在梯度相反的方向函数值下降得最快。设：

$$\Delta\mathbf{x}=-\gamma\nabla f(\mathbf{x}) \tag{2-51}$$

其中，γ 为一个接近于 0 的正数，称为步长，由人工设定，用于保证 $\mathbf{x}+\Delta\mathbf{x}$ 在 $\mathbf{x}$ 的邻域内，从而可以忽略泰勒展开中二次及更高的项。在梯度的反方向有：

$$(\nabla f(\mathbf{x}))^{T}\Delta\mathbf{x}=-\gamma(\nabla f(\mathbf{x}))^{T}(\nabla f(\mathbf{x}))\leqslant 0 \tag{2-52}$$

从初始点 $\mathbf{x}_0$ 开始，使用如下迭代公式：

$$\mathbf{x}_{k+1}=\mathbf{x}_k-\gamma\nabla f(\mathbf{x}_k) \tag{2-53}$$

只要没有到达梯度为 **0** 的点，函数值会沿着序列 x_k 递减，最终会收敛到梯度为 **0** 的点，这就是梯度下降法。迭代终止的条件是函数的梯度值为 **0**（实际实现时是接近于 **0**），此时认为已经达到极值点。x_0 一般用常数或随机数初始化。梯度下降法只需要计算函数在某些点处的梯度，实现简单，计算量小。

最速下降法是梯度下降法的改进。在梯度下降法的迭代中，γ 设定为一个固定的接近 0 的正数。最速下降法同样是沿着梯度相反的方向进行迭代，但是要计算最佳步长 γ。将搜索方向记为：

$$\mathbf{d}_k=-\nabla f(\mathbf{x}_k) \tag{2-54}$$

在该方向上寻找使得函数值最小的步长 γ：

$$\gamma_k=\arg\min_{\gamma} f(\mathbf{x}_k+\gamma\mathbf{d}_k) \tag{2-55}$$

其他步骤和梯度下降法相同。这是一元函数的极值问题，唯一的优化变量是 γ，在实现时一般将 γ 的取值范围离散化，即取一些典型值 $\gamma_1,\gamma_2,\cdots,\gamma_k$，分别计算取这些值的目标函数值，然后挑选出最优的值。

二、拉格朗日乘数法

拉格朗日乘数法用于求解带等式约束条件的函数极值，这是一个理论结果。假设有如下极值问题：

$$\min f(\mathbf{x})$$

$$h_i(\mathbf{x})=0,\quad i=1,2,\cdots,p$$

拉格朗日乘数法构造如下目标函数，称为拉格朗日函数：

$$L(\mathbf{x},\lambda)=f(\mathbf{x})+\sum_{i=1}^{p}\lambda_i h_i(\mathbf{x}) \tag{2-56}$$

其中，λ 为新引入的自变量，称为拉格朗日乘子，构造这个函数之后，去掉了对优化变量的等数约束。对上述所有自变量求偏导数，并令其为 0，这包括对 x 求导，对 λ 求导。得到下列方程组：

$$\begin{cases}\nabla_x f+\sum_{i=1}^{p}\lambda_i\nabla_x h_i=\mathbf{0}\\ h_i(\mathbf{x})=0\end{cases}$$

求解这个方程组即可得到函数的候选极值点。显然方程组的解满足所有的等式约束条件。拉格朗日乘数法的几何解释是，在极值点处目标函数的梯度是约束函数梯度的线性组合，即：

$$\nabla_x f=-\sum_{i=1}^{p}\lambda_i\nabla_x h_i \tag{2-57}$$

三、KTT 条件

对于带等式约束的最优化问题可以用拉格朗日乘数法求解，对于既有等式约束又有不等式约束的问题，也有类似的条件定义问题的最优解，即 KKT 条件，它可以看作拉格朗日乘数法的扩展。对于如下优化问题：

$$\min f(\mathbf{x})$$

$$g_i(\mathbf{x})\leqslant 0,\quad i=1,2,\cdots,q$$

$$h_i(\mathbf{x})=0,\quad i=1,2,\cdots,p$$

KTT 条件构成如下乘子函数：

$$L(\mathbf{x},\boldsymbol{\lambda},\boldsymbol{\mu})=f(\mathbf{x})+\sum_{j=1}^{p}\lambda_j h_j(\mathbf{x})+\sum_{k=1}^{q}\mu_k g_k(\mathbf{x}) \tag{2-58}$$

λ 和 μ 称为 KKT 乘子。最优解 x^* 满足如下条件：

$$\nabla_x L(\mathbf{x}^*)=\mathbf{0}$$

$$\mu_k\geqslant 0$$

$$\mu_k g_k(\mathbf{x}^*)=0$$

$$h_j(\mathbf{x}^*)=0$$

$$g_k(\mathbf{x}^*)\leqslant 0$$

等式约束 $h_j(\mathbf{x}^*)=0$ 和不等式约束 $g_k(\mathbf{x}^*)\leqslant 0$ 是本身应该满足的约束，$\nabla_x L(\mathbf{x}^*)=0$ 和之前的拉格朗日乘数法一样。唯一多了关于 $g_i(\mathbf{x})$ 的条件：

$$\mu_k g_k(\mathbf{x}^*)=0 \tag{2-59}$$

可以分两种情况讨论。如果：

$$g_k(\mathbf{x}^*)<0$$

要满足 $\mu_k g_k(\mathbf{x}^*)=0$ 的条件，那么必须有 $\mu_k=0$。如果：

$$g_k(\mathbf{x}^*)=0$$

则 μ_k 的取值自由，只要满足大于或等于 0 即可，此时极值在边界点处取得。需要注意的是，KTT 条件只是取得极值的必要条件而不是充分条件。

第三章

贝叶斯分类器

贝叶斯分类器是一种概率模型，它用贝叶斯公式解决分类问题。如果样本的特征向量服从某种概率分布，则可以计算特征向量属于每个类的条件概率，条件概率最大的类为分类结果。如果假设特征向量各个分量之间相互独立，则为朴素贝叶斯分类器；如果假设特征向量服从多维正态分布，则为正态贝叶斯分类器。

第一节　贝叶斯决策

贝叶斯公式描述了两个相关的随机事件或随机变量之间的概率关系。贝叶斯分类器使用贝叶斯公式计算样本属于某一类的条件概率值，并将样本判定为概率值最大的那个类。

条件概率描述两个有因果关系的随机事件之间的概率关系，$p(b|a)$ 定义为在事件 a 发生的前提下事件 b 发生的概率。贝叶斯公式阐明了两个随机事件之间的概率关系：

$$p(b|a)=\frac{p(a|b)p(b)}{p(a)} \tag{3-1}$$

这一结论可以推广到随机变量。分类问题中样本的特征向量取值 x 与样本所属类型 y 具有因果关系。因为样本属于类型 y，所以具有特征值 x。例如，如果我们要区分男性和女性，选用的特征为脚的尺寸和身高。一般情况下男性的脚比女性的大，身高更高，因为一个人是男性，才具有这样的特征。分类器要做的则相反，是在已知样本的特征向量为 x 的条件下反推样本所属的类别。根据贝叶斯公式有：

$$p(y \mid x)=\frac{p(x \mid y)p(y)}{p(x)} \tag{3-2}$$

只要知道特征向量的概率分布 $p(x)$，每一类出现的概率 $p(y)$ 即类先验概率，以及每一类样本的条件概率 $p(x \mid y)$，就可以计算出样本属于每一类的概率（后验概率）$p(y \mid x)$。分类问题只需要预测类别，比较样本属于每一类的概率的大小，找出该值最大的那一类即可，因此可以忽略$p(x)$，因为它对所有类都是相同的。简化后分类器的判别函数为：

$$\arg\max_{y} p(x \mid y)p(y)$$

实现贝叶斯分类器需要知道每类样本的特征向量所服从的概率分布。现实中的很多随机变量都近似服从正态分布，因此，常用正态分布来表示特征向量的概率分布。

贝叶斯分类器是一种生成模型。因为使用了类条件概率 $p(x \mid y)$ 和类概率 $p(y)$，两者的乘积就是联合概率 $p(x,y)$，它对联合概率进行建模。

第二节 朴素贝叶斯分类器

朴素贝叶斯分类器假设特征向量的分量之间相互独立，这种假设简化了问题求解的难度。给定样本的特征向量 $\mathbf{x}$，该样本属于某一类 c_i 的概率为：

$$p(y=c_i \mid \mathbf{x})=\frac{p(y=c_i)p(\mathbf{x} \mid y=c_i)}{p(\mathbf{x})} \tag{3-3}$$

由于假设特征向量各个分量相互独立，因此有：

$$p(y=c_i \mid \mathbf{x}) = \frac{p(y=c_i)\prod_{j=1}^{n} p(x_j \mid y=c_i)}{Z} \qquad (3-4)$$

其中，Z 为归一化因子。式（3－4）的分子可以分解为类概率 $p(c_i)$ 和该类每个特征分量的条件概率 $p(x_j \mid y=c_i)$ 的乘积。类概率 $p(c_i)$ 可以设置为每一类相等，或者设置为训练样本中每类样本占的比重。例如，在训练样本中第一类样本占 30%，第二类占 70%，我们可以设置第一类的概率为 0.3，第二类的概率为 0.7。剩下的问题是估计类条件概率值 $p(x_j \mid y=c_i)$，下面分离散型与连续型变量两种情况进行讨论。

一、离散型特征

如果特征向量的分量是离散型随机变量，可以直接根据训练样本计算出其服从的概率分布，即类条件概率。计算公式为：

$$p(x_i=v \mid y=c) = \frac{N_{x_i=v,y=c}}{N_{y=c}} \qquad (3-5)$$

其中，$N_{y=c}$ 为第 c 类训练样本数；$N_{x_i=v,y=c}$ 为第 c 类训练样本中第 i 个特征取值为 v 的训练样本数，即统计每一类训练样本的每个特征分量取各个值的频率，作为类条件概率的估计值。最后得到的分类判别函数为：

$$\arg\max_{y} p(y=c)\prod_{i=1}^{n} p(x_i=v \mid y=c) \qquad (3-6)$$

其中，$p(y=c)$ 为第 c 类样本在整个训练样本集中出现的概率，即类概率。其计算公式为：

$$p(y=c) = \frac{N_{y=c}}{N} \qquad (3-7)$$

其中，$N_{y=c}$ 为第 c 类训练样本的数量，N 为训练样本总数。

在类条件概率的计算公式中，如果 $N_{x_i=v,y=c}$ 为 0，即特征分量的某个取值在某一类训练样本中一次都不出现，则会导致如果预测样本的特征分量取到这个值时整个预测函数的值为 0。作为补救措施可以使用拉普拉斯平滑，具体做法是给分子和分母同时加上一个正数。如果特征分量的取值有

k 种情况，将分母加上 k，每一类的分子加上 1，这样可以保证所有类的条件概率加起来还是 1：

$$p(x_i = v \mid y = c) = \frac{N_{x_i = v, y = c} + 1}{N_{y = c} + k} \tag{3-8}$$

对于每一个类，计算出待预测样本的各个特征分量的类条件概率，然后与类概率一起连乘，得到上面的预测值，该值最大的类为最后的分类结果。

二、连续型特征

如果特征向量的分量是连续型随机变量，可以假设它们服从一维正态分布，称为正态朴素贝叶斯分类器。根据训练样本集可以计算出正态分布的均值与方差，这可以通过最大似然估计得到。这样得到概率密度函数为：

$$f(x_i = x \mid y = c) = \frac{1}{\sqrt{2\pi}\sigma} \exp\left(-\frac{(x-\mu)^2}{2\sigma^2}\right) \tag{3-9}$$

连续型随机变量不能计算它在某一点的概率，因为它在任何一点处的概率为 0。直接用概率密度函数的值替代概率值，得到的分类器为：

$$\arg\max_c p(y = c) \prod_{i=1}^{n} f(x_i \mid y = c)$$

对于二分类问题可以做进一步简化。假设正负样本的类别标签分别为 +1 和 -1，特征向量属于正样本的概率为：

$$p(y = +1 \mid x) = p(y = +1) \frac{1}{Z} \prod_{i=1}^{n} \frac{1}{\sqrt{2\pi}\sigma_i} \exp\left(-\frac{(x_i - \mu_i)^2}{2\sigma_i^2}\right) \tag{3-10}$$

其中，Z 为归一化因子，σ_i 为第 i 个特征的均值，σ_i 为第 i 个特征的标准差。对式（3-10）两边取对数得：

$$\ln p(y = +1 \mid x) = \ln \frac{p(y = +1)}{Z} - \sum_{i=1}^{n} \ln\left(\frac{1}{\sqrt{2\pi}\sigma_i}\right) \frac{(x_i - \mu_i)^2}{2\sigma_i^2} \tag{3-11}$$

整理简化得：

$$\ln p(y=+1 \mid x)=\sum_{i=1}^{n} c_i (x_i-\mu_i)^2+c \tag{3-12}$$

其中，c 和 c_i 都是常数，c_i 仅由 σ_i 决定。同样可以得到样本属于负样本的概率。在分类时只需要比较这两个概率对数值的大小，如果：

$$\ln p(y=+1 \mid x)>\ln p(y=-1 \mid x) \tag{3-13}$$

变性后得到：

$$\ln p(y=+1 \mid x)-\ln p(y=-1 \mid x)>0 \tag{3-14}$$

时将样本判定为正样本，否则判定为负样本。

第三节　正态贝叶斯分类器

下面考虑更一般的情况，假设样本的特征向量服从多维正态分布，此时的贝叶斯分类器称为正态贝叶斯（Normal Bayes）分类器。

一、训练算法

假设特征向量服从 n 维正态分布，其中 $\boldsymbol{\mu}$ 为均值向量，Σ 为协方差矩阵。类条件概率密度函数为：

$$p(\mathbf{x} \mid c)=\frac{1}{(2\pi)^{\frac{n}{2}}\left|\Sigma\right|^{\frac{1}{2}}}\exp\left(-\frac{1}{2}(\mathbf{x}-\boldsymbol{\mu})^{T}\Sigma^{-1}(\mathbf{x}-\boldsymbol{\mu})\right) \tag{3-15}$$

其中，$|\Sigma|$是协方差矩阵的行列式，Σ^{-1}是协方差矩阵的逆矩阵。

在接近均值处，概率密度函数的值大；在远离均值处，概率密度函数的值小。正态贝叶斯分类器训练时根据训练样本估计每一类条件概率密度函数的均值与协方差矩阵。另外还需要计算协方差矩阵的行列式和逆矩阵。由于协方差矩阵是实对称矩阵，因此一定可以对角化，可以借助奇异值分解来计算行列式和逆矩阵。对协方差矩阵进行奇异值分解，有：

$$\Sigma = \mathbf{UWU}^{\mathrm{T}} \tag{3-16}$$

其中，$\mathbf{W}$ 为对角阵，其对角元素为矩阵的特征值；$\mathbf{U}$ 为正交矩阵，它的列为协方差矩阵的特征值对应的特征向量。计算 Σ 的逆矩阵可以借助该分解：

$$(\Sigma)^{-1} = (\mathbf{UWU}^{-1})^{-1} = \mathbf{UW}^{-1}\mathbf{U}^{-1} = \mathbf{UW}^{-1}\mathbf{U}^{\mathrm{T}} \tag{3-17}$$

对角矩阵的逆矩阵仍然为对角矩阵，逆矩阵主对角元素为矩阵主对角元素的倒数；正交矩阵的逆矩阵为其转置矩阵。根据式（3－17）可以很方便地计算出逆矩阵 Σ^{-1}；行列式 $|\Sigma|$ 也很容易被算出，由于正交矩阵的行列式为1，因此，Σ 的行列式等于矩阵 $\mathbf{W}$ 的行列式，而 $\mathbf{W}$ 的行列式又等于所有对角元素的乘积。

还有一个没有解决的问题是如何根据训练样本估计出正态分布的均值向量和协方差矩阵。通过最大似然估计和矩估计都可以得到正态分布的这两个参数。样本的均值向量就是均值向量的估计值，样本的协方差矩阵就是协方差矩阵的估计值。

下面给出正态贝叶斯分类器的训练算法。训练算法的核心为计算样本的均值向量、协方差矩阵，以及对协方差矩阵进行奇异值分解，具体流程如下：

（1）计算每一类训练样本的均值 $\boldsymbol{\mu}$ 和协方差矩阵 Σ；

（2）对协方差矩阵进行奇异值分解，得到 $\mathbf{U}$，然后计算所有特征值的逆，得到 $\mathbf{W}^{-1}$，同时还计算出 $\ln(|\Sigma|)$。

二、预测算法

在预测时需要寻找具有最大条件概率的那个类，即最大化后验概率（Maximum A Posteriori，MAP），根据贝叶斯公式有：

$$\arg\max_{c}(p(c \mid \mathbf{x})) = \arg\max_{c}\left(\frac{p(c)p(\mathbf{x} \mid c)}{p(\mathbf{x})}\right) \tag{3-18}$$

假设每个类的概率 $p(c)$ 相等，$p(\mathbf{x})$ 对于所有类都是相等的，因此，等价于求解该问题：

$$\arg\max_{c}(p(\mathbf{x}\mid c))$$

也就是计算每个类的 $p(\mathbf{x}\mid c)$ 值，然后取最大的那个。对 $p(\mathbf{x}\mid c)$ 取对数，有：

$$\ln(p(\mathbf{x}\mid c))=\ln\left(\frac{1}{(2\pi)^{\frac{n}{2}}\mid\Sigma\mid^{\frac{1}{2}}}\right)-\frac{1}{2}((\mathbf{x}-\boldsymbol{\mu})^{T}\Sigma^{-1}(\mathbf{x}-\boldsymbol{\mu}))\tag{3-19}$$

进一步简化为：

$$\ln(p(\mathbf{x}\mid c))=-\frac{n}{2}\ln(2\pi)-\frac{1}{2}\ln(\mid\Sigma\mid)-\frac{1}{2}((\mathbf{x}-\boldsymbol{\mu})^{T}\Sigma^{-1}(\mathbf{x}-\boldsymbol{\mu}))\tag{3-20}$$

其中，$-\frac{n}{2}\ln(2\pi)$ 是常数，对所有类都是相同的。求上式的最大值等价于求下式的最小值：

$$\ln(\mid\Sigma\mid)+((\mathbf{x}-\boldsymbol{\mu})^{T}\Sigma^{-1}(\mathbf{x}-\boldsymbol{\mu}))\tag{3-21}$$

其中，$\ln(\mid\Sigma\mid)$ 可以根据每一类的训练样本预先计算好，与 $\mathbf{x}$ 无关，不用重复计算。预测时只需要根据样本 $\mathbf{x}$ 计算 $(\mathbf{x}-\boldsymbol{\mu})\Sigma^{-1}(\mathbf{x}-\boldsymbol{\mu})^{T}$ 的值，而 Σ^{-1} 也是在训练时计算好的，不用重复计算。

下面考虑更特殊的情况，问题可以进一步简化。如果协方差矩阵为对角矩阵 $\sigma^{2}\mathbf{I}$，上面的值可以写成：

$$\ln(p(\mathbf{x}\mid c))=-\frac{n}{2}\ln(2\pi)-2n\ln\sigma-\frac{1}{2}\left(\frac{1}{\sigma^{2}}(\mathbf{x}-\boldsymbol{\mu})^{T}(\mathbf{x}-\boldsymbol{\mu})\right)\tag{3-22}$$

其中，

$$\ln(\mid\Sigma\mid)=\ln\sigma^{2n}=2n\ln\sigma$$

$$\Sigma^{-1}=\frac{1}{\sigma^{2}}\mathbf{I}$$

对于二分类问题，如果两个类的协方差矩阵相等，分类判别函数是线性函数：

$$\operatorname{sgn}(\mathbf{w}^{T}\mathbf{x}+b)$$

这和朴素贝叶斯分类器的情况是一样的。如果协方差矩阵是对角矩阵，则$\Sigma^{-1\prime}$同样是对角矩阵，上面的公式同样可以简化，这里不再详细讨论。

第四章

决策树算法

第一节　概述

一、决策树算法的基本概念

决策树算法是一种常用的数据挖掘算法，它是从机器学习领域中逐渐发展起来的一种分类函数逼近方法。决策树学习的基本算法是贪心算法，采用自顶向下的递归方式构造决策树。亨特（E. B. Hunt）于 1966 年提出的概念学习系统（concept learning system，CLS）是最早的决策树算法，之后的许多决策树算法都是对 CLS 算法的改进或由 CLS 衍生而来。目前，利用决策树进行数据分类的方法已经被深入地研究，并且形成了许多决策树的生成算法。

决策树算法的分类模型是一棵有向树。下面将以二叉树为例说明决策树的基本算法。除了根节点以外，决策树的每个节点有且仅有一个父节点，有 0 ~ 2 个子节点。如果节点没有子节点，则称它为叶节点，否则称为内部节点。每个叶节点对应一个类标号，它的值就是使用决策树对未知样本分类的类标号的值。每个内部节点对应一个分支方案，它包括用于节点分裂的属性 A 和分支的判断规则 q。训练样本的属性分为数值属性和分类属性，数值属性的取值范围是一个连续的区间，比如实数集 R；而分类属性的取值范围则是离散值的集合。如果属性 A 是数值属性，那么 q 的形式是 $A \leqslant v$，其中 v 是属于 A 的取值范围的一个常量；如果 A 是分类属性，那么 q 的形式是 $A \in S'$，其中 S' 是 A 的取值范围的一个常量。

决策树分类器在数学上可以表述为：给定样本集 X，其中的样本属于 c 个类别，用 X_i 表示 X 中属于第 i 类的样本集。定义一个指标集 $I = \{1, 2, \cdots, c\}$ 和一个 I 的非空子集的集合 $\tau = \{I_1, I_2, \cdots, I_b\}$。可以令当 $i \neq i'$ 时，$I_i \cap I'_i = \varphi$。一个广义决策规则 f 就是 X 到 τ 的一个映射（记为 f：$X -\to \tau$）。若 f 把第 i 类的某个样本映射到包含 i 的那个子集 I_k 中，则识别是正确的。

设 $Q(X, I)$ 是由样本集 X 和指标集 I 所形成的所有可能的映射的集合，则 $Q(X, I)$ 可表示为由 (a_i, τ_i) 所组成的集合，元素 (a_i, τ_i) 称为一个节点，a_i 是该节点上表征这种映射的参数，$\tau_i = \{I_{i1}, I_{i2}, \cdots, I_{ip_i}\}$ 是该节点上指标集 I_i 的非空子集的集合。令 n_i 和 n_j 是 $T(X, I)$ 的两个元素，其中：

$$n_i = (a_i, \tau_i), \tau_i = \{I_{i1}, I_{i2}, \cdots, I_{ib_i}\} \tag{4-1}$$

$$n_j = (a_j, \tau_j), \tau_j = \{I_{j1}, I_{j2}, \cdots, I_{jb_j}\} \tag{4-2}$$

若 $\bigcup_{l=1}^{b_j} I_{jl} = I_{ik}, k = 1, \cdots, b_i$，则称 n_i 是 n_j 的父节点，或称 n_j 为 n_i 的子节点。

设 $B \subset Q(X, I)$ 是节点的有限集，且 $n \in B$。若 B 中没有一个元素是 n 的父节点，则称 n 是 B 的根节点。当 $B \subset Q(X, I)$ 满足下列条件时，它就是一个决策树分类器。

（1）B 中有且仅有一个根节点；

（2）设 n_i 和 n_j 是 B 中的两个不同元素，则 $\bigcup_{l=1}^{b_j} I_{il} \neq \bigcup_{l=1}^{b_j} I_{jl}$；

（3）对于每一个 $i \in I$，B 中存在一个节点。

$$n' = (a', \tau'), \tau' = \{I'_1, I'_2, \cdots, I'_b\}$$

且 τ' 中有一个元素就是 i（与它对应的 n' 的子节点叫叶节点，又称为终止节点）。

决策树算法的基本算法是贪心算法，它是以自顶向下递归的各个击破方式构造决策树的。决策树算法通常分为两个阶段：树的构建阶段和树的修剪阶段。

二、决策树算法的两个阶段

（一）决策树的构建

下面给出一个通用的自顶向下的构建决策树的算法。

决策树的构建算法 made_decision_tree(N,S,A)

//由给定的训练数据集 S 产生一棵判定树。

输入：节点 N，训练样本集 S；分类属性集 A；

输出：一棵判定树（以节点 N 为根节点的基于数据集 S、分支的属性集 A)。

```
procedure make_decision_tree(N,S,A)
初始化根节点;
在 S 中计算 A，求解节点 N 的分支方案;
if（节点 N 满足分支条件）
选择最好的分支方案将 S 分为 S1，S2;
创建 N 的子节点 N1，N2;
make_decision_tree（N1，S1，A）;
make_decision_tree（N2，S2，A）;
endif
end
```

该算法递归地分割叶节点的训练样本，直到每个叶节点的样本都来自同一个类或者属于节点的样本数目少于预先指定的阈值。计算分支的属性集 A 是决策树构建算法的关键。不同的决策树算法采用不同的分支属性，ID3、C4.5 使用的分支属性是信息增益和信息增益率，而 CART 算法、SLIQ 算法和 SPRINT 算法使用基尼指标。

（二）决策树的修剪

在树的构建阶段生成的决策树依赖于训练样本，因此它可能存在对训练样本的过度适应问题。例如，训练样本中的噪声数据和统计波动可能会使决策树产生不必要的分支，从而导致在使用决策树模型对观察样本实施分类时出错。为了避免这种错误，需要对决策树进行修剪，除去不必要的分支。即常说的决策树剪枝。

常用的剪枝技术有预剪枝和后剪枝两种。预剪枝技术限制决策树的过度生长（如 CHAID、JID3 家族的 ID3、C4. 5 算法等），后剪枝技术则是待决策树生成后再进行剪枝（如 CART 算法等）。

1. 预剪枝

最直接的预剪枝方法是事先限定决策树的最大生长高度，使决策树不能过度生长。这种停止标准一般能够取得比较好的效果。不过指定树高度的方法要求用户对数据的取值分布有较为清晰的把握，而且需对参数值进行反复尝试，否则无法给出一个较为合理的树高度阈值。更普遍的做法是采用统计意义下的 χ^2 检验、信息增益等度量，评估每次节点分裂对系统性能的增益。如果节点分裂的增益值小于预先给定的阈值，则不对该节点进行扩展。如果在最好情况下的扩展增益都小于阈值，即使有些节点的样本不属于同一类，算法也可以终止。选取阈值是困难的，阈值较高可能导致决策树过于简化，而阈值较低可能对树的化简不够充分。

2. 后剪枝

后剪枝技术允许决策树过度生长，然后根据一定的规则，剪去决策树中那些不具有一般代表性的叶节点或分支。

后剪枝算法有自上而下和自下而上两种剪枝策略。自下而上的算法首先从最底层的内节点开始剪枝，剪去满足一定条件的内节点，在生成的新决策树上递归调用这个算法，直到没有可以剪枝的节点为止。自上而下的算法是从根节点开始向下逐个考虑节点的剪枝问题，只要节点满足剪枝的条件就进行剪枝。

下面给出决策树修剪的基本算法。

决策树修剪的基本算法 prune_tree（节点 N）

if（节点 N 为叶节点）

返回 C(t)+1;

minCost1 = prune_tree(N1);

minCost2 = prune_tree(N2);

minCostN = min{C(t)+1, C_A(N)+1+minCost1+minCost2};

if(minCostN == C(t)+1)

将 N 的子节点 N1 和 N2 从决策树中修剪掉;

返回 minCostN。

在上述算法中，t 为属于节点 N 的所有训练样本，C(t)和 C_A(N)分别为将 N 作为叶节点和内部节点来构建决策树的代价，算法基本思想是要使构建决策树的总代价最小。

第二节　决策树分裂的不纯度度量

不纯度度量是一个启发式的用于选择分裂的判据，其最佳地将给定的类标签训练元组的数据集 D 分离成单独的类。如果我们根据分裂判据的每个结果将数据集 D 划分为较小的分区，那么理想情况下每个分区应该是纯的，所有元组都应落入属于同一个类的每个分区。

选择与该理想情景的结果最接近的标准可以在各种判据的帮助下进行潜在分裂的评估。替代的分裂判据可能导致树形彼此显得非常不同，但它们具有相似的性能。不同的不纯度度量选择不同的分裂，但由于所有的度量都试图抓住相同的理念，因此最终的模型表现得极其相似。在本章节中，主要解释三种流行的不纯度度量——信息增益、增益比和基尼系数。

一、信息增益/熵减少

信息增益借鉴了信息论世界的概念。如果一个叶节点是完全纯净的，那么该叶节点中的类可以很容易地描述——因为只有一个。另外，如果叶节点非常不纯，那么描述叶节点中的类就复杂得多。信息论有一个衡量这种情形的方法，称为熵，它衡量一个系统的凌乱程度。

根节点保存整个数据集 D，其描述了模式 $s^{(1)},s^{(2)},\cdots,s^{(N)}$ 及其对应的类 y_1 或 y_2（用于二元分类任务）。从数据集 D 中随机选择一个模式，并宣布它属于类 y_q。此消息具有概率如下：

$$P_q = \frac{freq(y_q, D)}{|D|} \tag{4-3}$$

其中，$freq(y_q,D)$ 代表数据集 D 中属于类 y_q 的模式的个数，$|D|$ 表示 D 中的模式总个数（$|D| = N$）。

在 D 中对模式进行分类所需的预期信息由式（4-4）给出：

$$Info(D) = -\sum_{q=1}^{2} P_q \log_2(P_q) \tag{4-4}$$

之所以使用基数为 2 的对数函数，是因为信息按位编码。Info(D) 只是在 D 中识别模式的类标签所需的平均信息量。此时我们拥有的信息完全基于每个类中模式的比例。Info(D) 也可以表示为 D 的熵，记作 Entropy(D)。

$$Entropy(D) = -\sum_{q=1}^{2} P_q \log_2(P_q) \tag{4-5}$$

联想到决策树的根节点，Info(D) 表示在给定实例到达节点的情况下，指定新实例是否应被分类为 y_1 或 y_2 所需的预期信息量。若 D 中的所有模式属于同一个类（$P_1 = 0, P_2 = 1$），则 Info(D) 为 0（$-P_1 \log_2 P_1 - P_2 \log_2 P_2 = 0$，注意 $0 \log_2 0 = 0$），当集合 D 包含相等数量的类 1 和类 2 模式时（$P_1 = \frac{1}{2}, P_2 = \frac{1}{2}$），Info(D) 为 1（$-P_1 \log_2 P_1 - P_2 \log_2 P_2 = 1$），即表示数据集中的最大异质性（随机性）。若集合 D 包含不等数量的类 1 和类 2 模式，则 Info(D) 介于 0 和 1 之间。因此，Info(D) 是实例集合中不纯度的度量。不纯度越多（数据集中的异质性越大），熵越大，对新模式进行分类所需的预期信息量就越多；纯度越高（数据集中的同质性越大），熵越小，对新模式进行分类所需的预期信息量就越少。

为了说明这个规律，我们引入一个决策树分类的例子。

图 4-1 所示的决策树是根据小样本天气数据集创建的，该数据集涉及

适合打网球的条件。样例如表4－1所示。输入变量：x_1 = 景色，x_2 = 温度，x_3 = 湿度，x_4 = 风力，y = 打网球。任务是根据其属性值预测任意星期六早晨的打网球的值。

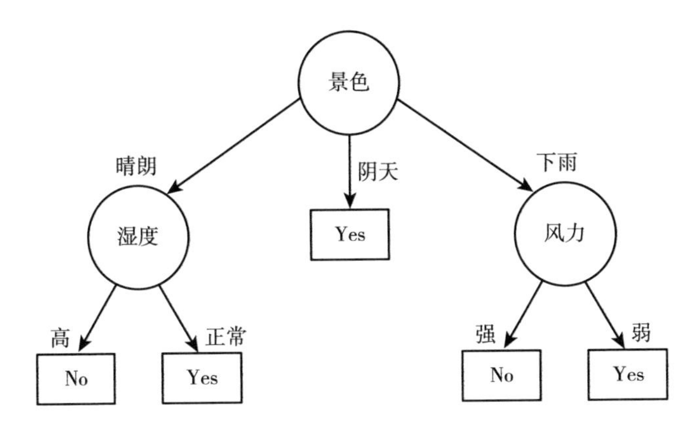

图4－1　天气数据的决策树

表4－1　天气数据

实例	景色 x_1	温度 x_2	湿度 x_3	风力 x_4	打网球 y
$s^{(1)}$	晴朗	热	高	弱	No
$s^{(2)}$	晴朗	热	高	强	No
$s^{(3)}$	阴天	热	高	弱	Yes
$s^{(4)}$	下雨	温和	高	弱	Yes
$s^{(5)}$	下雨	凉爽	正常	弱	Yes
$s^{(6)}$	下雨	凉爽	正常	强	No
$s^{(7)}$	阴天	凉爽	正常	强	Yes
$s^{(8)}$	晴朗	温和	高	弱	No
$s^{(9)}$	晴朗	凉爽	正常	弱	Yes
$s^{(10)}$	下雨	温和	正常	弱	Yes
$s^{(11)}$	晴朗	温和	正常	强	Yes
$s^{(12)}$	阴天	温和	高	强	Yes
$s^{(13)}$	阴天	热	正常	弱	Yes
$s^{(14)}$	下雨	温和	高	强	No

研究表4－1（天气数据）的训练集。它有9个Yes的类实例，5个No的类实例。因此

$$\text{Info}(D)=\text{Entropy}(D)=-\frac{9}{14}\log_2\frac{9}{14}-\frac{5}{14}\log_2\frac{5}{14}=0.94\text{bits} \quad (4-6)$$

由此可知，具有数据集 D 的根节点是高度不纯节点。

训练集 D 包含属于混合类（高熵）的实例。在这种情况下，分治策略的思路是将 D 划分为实例的子集，这些实例已经朝向或者将要朝向单类实例集合。

假设我们为根节点选择属性 x_j。x_j 取不同的值 $v_{lx_j}(l=1,\cdots,d_j)$，正如从训练数据集 D 中观察到的。属性 x_j 可用于将数据集 D 分割成 $l(l=1,\cdots,d_j)$ 个分区或子集 $\{D_1,D_2,\cdots,D_{d_j}\}$，其中 D_l 包含 D 中 x_j 值取 v_{lx_j} 的那些模式。这些分区对应于从节点生长出的分支。理想情况下，我们希望这种分区能够产生精确的分类，即希望每个分区都是纯粹的。但是，分区很可能是不纯的（即分区可能包含来自不同类而不是单个类的模式集合）。为了得到准确的分类，还需要多少信息（分区后）？这个数量可通过下式度量：

$$\text{Info}(D,x_j)=\sum_{l=1}^{d_j}\frac{|D_l|}{|D|}\times\text{Info}(D_l) \quad (4-7)$$

表达式 $\frac{|D_l|}{|D|}$ 项充当第 l 个分区的权重。

$\text{Info}(D_l)$ 由下式给出：

$$\text{Info}(D_l)=-\sum_{q=1}^{2}P_{ql}\log_2 P_{ql} \quad (4-8)$$

其中，P_{ql} 是子集 D_l 中任意样本属于 y_q 类的概率，并且估计值为：

$$P_{ql}=\frac{\text{freq}(y_q,D_l)}{|D_l|} \quad (4-9)$$

$\text{Info}(D,x_j)$ 是在数据集 D 上基于 x_j 进行分区的模式分类所需的预期信息。所需的预期信息越少，模式的纯度越高。

基本思路是选择能够提供尽可能提供精确的模式分类的属性 $x_j(j=1,\cdots,n)$。一个相当好的属性能将数据划分为若干子集，每个子集 D_l 包含属于相同类 y_q 的大量示例（低熵）。一个真正无用的属性会使数据子集与原始数据集中类示例的比例大致相同（高熵）。

重新考虑表 4－1 的数据集：x_1 = 景色，x_2 = 温度，x_3 = 湿度，x_4 = 风力；v_{1x_1} = 晴朗，v_{2x_1} = 阴天，v_{3x_1} = 下雨；v_{1x_2} = 热，v_{2x_2} = 温和，v_{3x_2} = 凉爽；v_{1x_3} = 高，v_{2x_3} = 正常；v_{1x_4} = 弱，v_{2x_4} = 强。

对于根节点上这 4 种属性的选择，其天气数据的树桩如图 4－2 所示。

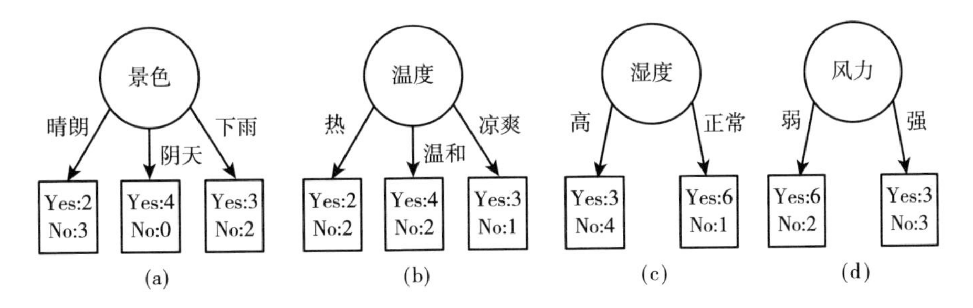

图 4－2　天气数据的树桩

考虑属性 x_1 = 景色（图 4－2(a)的树桩）。参见图 4－3 和图 4－2(a)。5 个模式属于晴朗，其中两个属于 Yes 类，三个属于 No 类；4 个模式属于阴天，其所有取值都属于 Yes 类；5 个模式属于下雨，其中三个属于 Yes 类，两个属于 No 类。

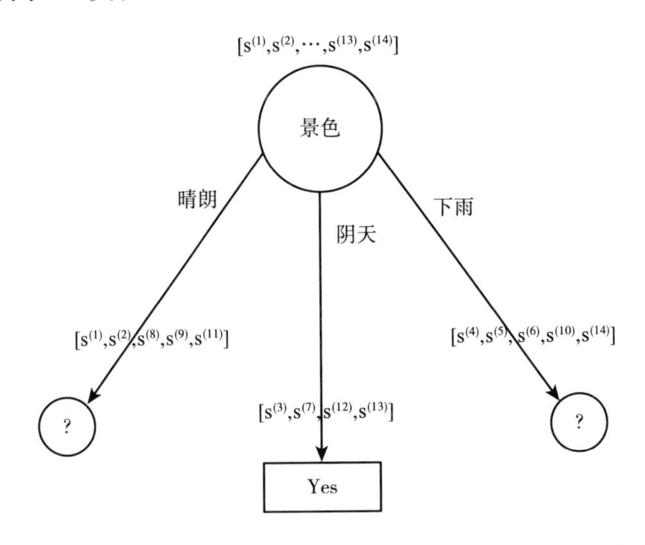

图 4－3　部分学习的决策树：训练样例被分类到相应的后代节点

$$\mathrm{Info}(D, x_1) = \sum_{i=1}^{d_1} \frac{|D_1|}{|D|} \times \mathrm{Info}(D_1)；\ d_1 = 3 \qquad (4-10)$$

$$\text{Info}(D_1) = -\sum_{q=1}^{2} P_{ql}\log_2 P_{ql};\ P_{ql} = \frac{\text{freq}(y_q, D_l)}{|D_l|} \tag{4-11}$$

因此，

$$\text{Info}(D_1) = -\frac{2}{5}\log_2\frac{2}{5} - \frac{3}{5}\log_2\frac{3}{5} = 0.97 \tag{4-12}$$

$$\text{Info}(D_2) = 0 \tag{4-13}$$

$$\text{Info}(D_3) = -\frac{3}{5}\log_2\frac{3}{5} - \frac{2}{5}\log_2\frac{2}{5} = 0.97 \tag{4-14}$$

$$\text{Info}(D, x_1) = -\frac{5}{14}\times 0.97 - \frac{5}{14}\times 0.97 = 0.693 \tag{4-15}$$

类似地，对于图 4－2 的其他树桩，通过计算可以得到：

$$\text{Info}(D, x_2) = 0.911 \tag{4-16}$$

$$\text{Info}(D, x_3) = 0.788 \tag{4-17}$$

$$\text{Info}(D, x_4) = 0.892 \tag{4-18}$$

如果为根节点选择景色属性，我们会看到分类的所需预期信息是最少的。湿度是次佳选择。

信息增益被定义为原始信息要求（即基于整个数据集 D 中的类的划分）与新要求（即在 x_j 上划分）之间的差异。也就是：

$$\text{Gain}(D, x_j) = \text{Info}(D) - \text{Info}(D, x_j) \tag{4-19}$$

换句话说，$\text{Gain}(D, x_j)$告诉我们通过 x_j 进行分支可以获得多少信息增益。基于 x_j 进行划分，所需的预期信息减少（预期的熵减少）。选择具有最高信息增益 $\text{Gain}(D, x_j)$的属性 x_j 作为根节点处的分裂属性。这相当于说我们想要基于属性 x_j 进行最佳分类的分区，以使得完成分类任务所需的信息量［即 $\text{Info}(D, x_j)$］是最小的。

我们选择了“x_1 = 景色”作为根节点的分裂属性，因此，

$$\text{Gain}(D, x_1) = 0.94 - 0.693 = 0.247 \tag{4-20}$$

其他属性的收益是：

$$\text{Gain}(D, x_2) = 0.029$$

$$\text{Gain}(D, x_3) = 0.152$$

$$\text{Gain}(D, x_4) = 0.048$$

显然，“景色”提供了最大收益。

递归地将相同的策略应用于训练实例的每个子集。图 4-4 显示了当景色为晴朗时在节点处进一步分支的可能性。子节点上三个属性的信息增益为：

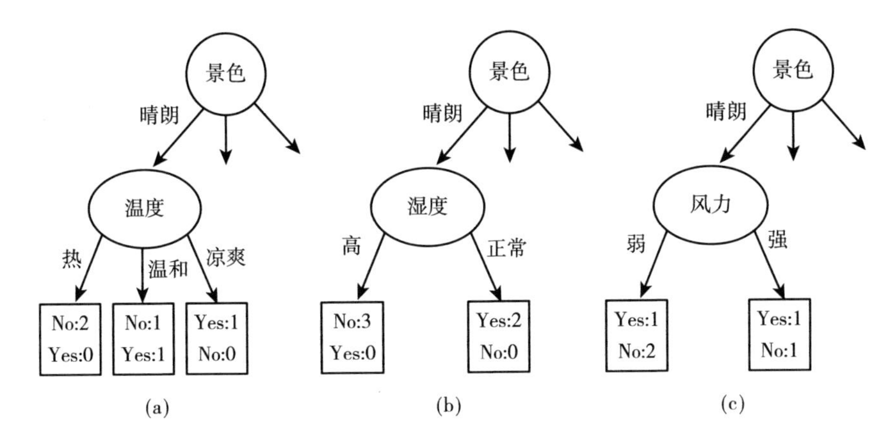

图 4-4 扩展的天气数据树桩

$$\text{Gain}(\text{温度}) = 0.571$$

$$\text{Gain}(\text{湿度}) = 0.971$$

$$\text{Gain}(\text{风力}) = 0.020$$

因此，我们选择湿度作为此时的分裂属性。无须进一步拆分这些节点，因此该分支已到达叶节点。继续应用相同的想法引导图 4-1 的天气数据的决策树向下分裂。

注意到信息增益 $\text{Gain}(D, x_j)$，它用于度量预期熵减少量，主要是由于根据属性 x_j 对数据集 D 中的模式进行划分而导致的。

$$\text{Gain}(D, x_j) = \text{Entropy}(D) - \text{Entropy}(D, x_j) \tag{4-21}$$

$$= \text{Entropy}(D) - \sum_{l=1}^{d_j} \frac{|D_l|}{|D|} \times \text{Entropy}(D_l) \tag{4-22}$$

其中，

$$\text{Entropy}(D) = -\sum_{q=1}^{2} P_q \log_2 P_q \tag{4-23}$$

$$P_q = \frac{\text{freq}(y_q, D)}{|D|} \tag{4-24}$$

而且，

$$\text{Entropy}(D_l) = -\sum_{q=1}^{2} P_{ql}\log_2 P_{ql} \tag{4-25}$$

$$P_{ql} = \frac{\text{freq}(y_q, D_l)}{|D_l|} \tag{4-26}$$

当数据集 D 中的输出量属于 M 个不同的类，即 y 取值 $y_q(q=1,2,\cdots,M)$ 时，信息增益/熵减少的定义方程变为：

$$\text{Gain}(D, x_j) = \text{Info}(D) - \sum_{l=1}^{d_j}\frac{|D_l|}{|D|}\times \text{Info}(D_l) \tag{4-27}$$

其中，

$$\text{Info}(D) = -\sum_{q=1}^{M} P_q \log_2 P_q \tag{4-28}$$

$$P_q = \frac{\text{freq}(y_q, D)}{|D|} \tag{4-29}$$

而且，

$$\text{Info}(D_l) = -\sum_{q=1}^{M} P_{ql}\log_2 P_{ql} \tag{4-30}$$

$$P_{ql} = \frac{\text{freq}(y_q, D_l)}{|D_l|} \tag{4-31}$$

式（4－21）中的第一项仅是原始数据集 D 的熵，其表示数据集 D 相对于目标变量的随机性水平。式（4－21）中的第二项是使用属性 x_j 对 D 进行划分后的熵的预期值。由该项描述的预期的熵是每个子集 D_l 的熵乘以 $\frac{|D_l|}{|D|}$ 加权得到，权重是属于 D_l 的模式的比例［式（4－22）］。因此，$\text{Gain}(D, x_j)$ 描述的是由分区引起的预期的熵减少。

$$\text{Entropy Reduction}(D, x_j) = \text{Entropy}(D) - \sum_{l=1}^{d_j}\frac{|D_l|}{|D|}\times \text{Entropy}(D_l) \tag{4-32}$$

其中，

$$\text{Entropy}(D) = -\sum_{q=1}^{M} P_q \log_2 P_q \tag{4-33}$$

$$P_q = \frac{\text{freq}(y_q, D)}{|D|} \tag{4-34}$$

并且

$$\mathrm{Entropy}(D_l) = -\sum_{q=1}^{M} P_{ql}\log_2 P_{ql} \tag{4-35}$$

$$P_{ql} = \frac{\mathrm{freq}(y_q, D_l)}{|D_l|} \tag{4-36}$$

二、增益比

罗斯·昆兰（J. Ross Quinlan，1975）开发的决策树工具 ID3，在信息增益/熵减少的基础上进行分区选择。ID3 取得了相当不错的成果，并成为几个商业数据挖掘软件包的一部分。然而，对于一些具有大量可能值 $v_{lx_j}(l=1,\cdots,d_j)$ 的 x_j 属性的应用程序而言，它会遇到麻烦，从而导致许多子节点的多路划分。这时只需将较大的数据集分成大量较小的子集，每个节点中表示的类数就会减少，从而每个子节点的纯度就会增加。因此，信息增益标准存在严重缺陷——它偏向于支持具有大量值的属性。具有大量值的属性将在根节点处被选择并且可能被引导向所有叶节点，因而导致过于简单的假设模型无法捕获数据的结构。

C4.5 是 ID3 的继承者，它使用信息增益的扩展（称为增益比）来克服这种偏差。它对信息增益使用一种被定义为类似 $\mathrm{Info}(D, x_j)$ 的“分割信息”值来进行归一化：

$$\mathrm{SplitInfo}(D, x_j) = -\sum_{l=1}^{d_j}\frac{|D_l|}{|D|}\log_2\frac{|D_l|}{|D|} \tag{4-37}$$

该值表示将数据集 D 划分成与属性 x_j 的 d_j 值相匹配的 d_j 个分区的潜在信息（d_j 是属性 x_j 的可能取的离散值的个数）。对于 x_j 的每个值，考虑将拥有该值的元组个数 D_l 与相应的元组总个数 D 求比值。这与信息增益不同，信息增益度量关于在相同分区的基础上获得的分类的信息。

增益比被定义为：

$$\mathrm{GainRatio}(D, x_j) = \frac{\mathrm{Gain}(D, x_j)}{\mathrm{SplitInfo}(D, x_j)} \tag{4-38}$$

选择具有最大增益比的属性作为分裂属性。请注意，SplitInfo 项不鼓励选择带有许多均匀分布值 d_j 的属性。当 d_j 很大时，SplitInfo 的值也很大。

使用增益比代替信息增益选择属性时出现的一个实际问题是，当任意一个 D_l 满足 $|D_l| \simeq |D|$ 时，式（4－38）中的分母可能为零或非常小。这使增益比无法定义或对于此类属性而言非常大。标准修复方式是选择能够最大化增益比的属性，前提是该属性的信息增益至少与所检查的所有属性的平均信息增益一样大。也就是说，为选择属性的过程添加约束，由此所选属性的信息增益一定很大。

回到图 4－2 中的天气数据的树桩，“x_1 = 景色”将数据集划分成三个大小为 5、4 和 5 的子集（参见图 4－3），因此 SplitInfo 可由下式算出：

$$
\begin{aligned}
\mathrm{SplitInfo}(D,x_1) &= -\sum_{l=1}^{3}\frac{|D_l|}{|D|}\log_2\frac{|D_l|}{|D|} \\
&= -\frac{5}{14}\log_2\frac{5}{14} - \frac{4}{14}\log_2\frac{4}{14} - \frac{5}{14}\log_2\frac{5}{14} \\
&= 1.577
\end{aligned}
$$

而无须关注子集中涉及的类。我们可以通过除以 SplitInfo 值来规则化信息增益，以获得增益比：

$$
\mathrm{GainRatio}(D,x_1) = \frac{\mathrm{Gain}(D,x_1)}{\mathrm{SplitInfo}(D,x_1)} = \frac{0.247}{1.577} = 0.156
$$

图 4－2 树桩的计算结果总结如下：

景色：

$\mathrm{Gain}(D,x_1) = 0.247, \mathrm{SplitInfo}(D,x_1) = 1.577, \mathrm{GainRatio}(D,x_1) = 0.156$

温度：

$\mathrm{Gain}(D,x_2) = 0.029, \mathrm{SplitInfo}(D,x_2) = 1.362, \mathrm{GainRatio}(D,x_2) = 0.019$

湿度：

$\mathrm{Gain}(D,x_3) = 0.152, \mathrm{SplitInfo}(D,x_3) = 1.000, \mathrm{GainRatio}(D,x_3) = 0.152$

风力：

$\mathrm{Gain}(D,x_4) = 0.048, \mathrm{Splitinfo}(D,x_4) = 0.985, \mathrm{GainRatio}(D,x_4) = 0.049$

景色仍然排在首位，但“湿度”现在是一个更加强劲的竞争者，因为它将数据划分成了两个子集而不是三个。

三、基尼系数

另一个受欢迎的分裂判据是基尼系数，最早的20世纪意大利统计学家和经济学家科拉多·基尼（Corrado Gini）在1922年提出。基尼系数用于CART树。

$$\mathrm{Gini}(D)=1-\sum_{q=1}^{M}P_q^2 \tag{4-39}$$

其中，P_q 是D中元组属于类 y_q 的概率，并且估计值为：

$$P_q=\frac{\mathrm{freq}(y_q,D)}{|D|} \tag{4-40}$$

基尼系数考虑每个属性的二元分裂。首先考虑 x_j 是连续值属性的情况，取 d_j 个不同的值 $v_{lx_j}(l=1,2,\cdots,d_j)$。通常将每对（已排序的）相邻值之间的中间点作为可能的分裂点（这是一个简单的策略，尽管可以通过采用更复杂的策略来获得更好的分裂点）。我们将属性 x_j 中给出最小基尼系数的点作为分裂点。

对于一个可能的 x_j 分裂点，D_1 是D中满足 $x_j \leqslant$ split-point（分裂点）的元组集合，D_2是满足 $x_j >$ split point（分裂点）的元组集合。在 x_j 上二元分裂所引起的不纯度减少的原理是：

$$\Delta\mathrm{Gini}(x_j)=\mathrm{Gini}(D)-\mathrm{Gini}(D,x_j) \tag{4-41}$$

$$\mathrm{Gini}(D,x_j)=\frac{|D_1|}{|D|}\mathrm{Gini}(D_1)+\frac{|D_2|}{|D|}\mathrm{Gini}(D_2) \tag{4-42}$$

选择能最大化减少不纯度（或者说具有最小基尼系数）的属性作为分裂属性。然后，通过再次选择变量和变量的分割值，以类似的方式划分这两个部分(D_1,D_2)中的每一个子集。这个过程一直持续到我们得到纯叶节点。

现在我们考虑 x_j 是分类属性的情况，例如，在表4-1的D中出现了带有类标签｛晴朗，阴天，下雨｝的分类变量“景色”。为了确定基于“景色”的最佳二元分裂，我们检查可以使用“景色”类形成的所有可能子集：｛晴朗，阴天，下雨｝，｛晴朗，阴天｝，｛晴朗，下雨｝，｛阴天，下雨}，{晴朗}，{阴天}，{下雨} 和 {}。我们排除了全集 {晴朗，阴天，下雨} 和空集 {}，因为从概念上讲，它们并不代表分裂。因此，在具有 γ 个分类值的属性 x_j 上基于二元分裂，存在 $2^\gamma-2$ 种可能的方式来形成数据集 D 的两个分区。考虑每个可能的二元分裂，选择赋予 x_j 属性最小基尼系数的子集作为其分裂子集。

第三节 典型决策树算法

典型的决策树算法包括 ID3 算法、C4.5 算法和 Cart 算法等。ID3 算法是最有影响力的决策树算法之一，但仅适用于标称（分类）输入。C4.5 算法是 ID3 算法的继承者和改进版本，是基于树的分类方法中最受欢迎的算法。Cart 算法是一种有效的非参数分类和回归方法。本节主要介绍以上三种算法的原理，并分析算法的优化方法。

一、ID3 算法

（一）ID3 基本原理

在构建决策树模型算法中最有影响的方法是 ID3 算法。ID3 算法是昆兰提出的一个著名的决策树生成方法。ID3 基本概念如下：

（1）决策树中每一个非叶节点对应着一个非类别属性，树枝代表这个属性的值。一个叶节点代表从树根到叶节点之间的路径对应的记录所属的类别属性值。

（2）每一个非叶节点都将与属性中具有最大信息量的非类别属性相关联。

（3）采用信息增益来选择能够最好地将样本分类的属性。信息增益基于信息论中熵的概念。熵是一个衡量系统混乱程度的统计量，熵越大表示系统越混乱。分类的目的是提取系统信息使系统向更加有序、有规则的方向发展，所以最佳的分支方案是使熵减少量最大的方案。因此，决策树的分支方案就是计算每个属性的信息增益，取具有最高信息增益的属性进行分支。

ID3 算法选择具有最高信息增益的属性作为当前节点的测试属性。该属性使得对结果划分中的样本分类所需的信息最小，并反映划分的最小随机性。这种信息理论方法使得对一个对象分类所需的期望值测试数目达到最小，并尽量确保找到一棵简单的树来刻画相关的信息。设 S 是 s 个数据样本的集合。假定类标号属性具有 m 个不同的值，定义 m 个不同类 $C_i(i=1,2,\cdots,m)$。设 s_i 是类 C_i 中的样本数。对一个给定的样本分类所需的期望信息由下式给出：

$$I(s_1,s_2,\cdots,s_m)=-\sum_{i=1}^{m}p_i\log_2(p_i) \quad (4-43)$$

其中，p_i 是任意样本属于 C_i 的概率，一般可以用 s_i/s 估计。

设一个属性 A 具有 v 个不同的值 $\{a_1,a_2,\cdots,a_v\}$。利用属性 A 将集合 S 划分为 v 个子集 $\{S_1,S_2,\cdots,S_v\}$，其中 S_i 包含了集合 S 中属性 A 取 a_j 值的数据样本。若属性 A 被选为测试属性（用于对当前样本集进行划分），设 s_{ij} 为子集 S_j 中属于 C_i 类别的样本数。那么利用属性 A 划分当前样本集合所需要的信息（熵）可以计算见下式：

$$E(A)=\sum_{j=1}^{v}\frac{s_{1j}+s_{2j}+\cdots+s_{mj}}{s}I(s_{1j},\cdots,s_{mj}) \quad (4-44)$$

其中，$\frac{s_{1j}+s_{2j}+\cdots+s_{mj}}{s}$项被当作第 j 个子集的权值，即所有子集中属性 A 取 a_j 值的样本数之和除以 S 集合中的样总数。E(A) 计算结果越小，就表示其子集划分越好。而对于一个给定子集 S_j，它的信息为：

$$I(s_1,s_2,\cdots,s_m)=-\sum_{i=1}^{m}p_{ij}\log_2(p_{ij}) \quad (4-45)$$

其中，$p_{ij}=\frac{s_{ij}}{|s_{ij}|}$即为子集 S_j 中任一个数据样本类别的概率。这样利用属性 A 对当前分支节点进行相应样本集合划分所获得的信息增益就是：

$$Gain(A)=I(s_1,s_2,\cdots,s_m)-E(A) \quad (4-46)$$

Gain(A) 被认为是根据属性 A 取值进行样本集合划分所获得的（信息）熵的减少量。

（二）ID3 算法描述及流程

1. 主算法

（1）从训练集中选择一个既含正例又含反例的子集；

（2）用建树算法对当前窗口形成一棵树；

（3）对训练集（窗口除外）中的例子用所得的决策树进行判定，找出错判的例子；

（4）若存在错判的例子，把他们插入窗口，转（2）。

2. 建树算法

（1）对当前例子集合，计算各特征的互信息；

（2）把在 A_k 处取值相同的例子归于同一例子；

（3）对既含正例又含反例的子集来递归调用建树算法；

（4）若子集仅含正例或者反例，对应的分支上标上 P 或 N；

在给定一个非类别属性 $C_1, C_2, \cdots, C_k$ 的集合，类别属性 C 以及训练集 T 后，可以用 ID3 算法构造一个决策树，算法如下：

（1）FunctionID3（R：一个非类别的属性集合，C：类别属性；S：一个训练集）；

（2）Begin；

（3）IfS 为空，返回一个值为 FAILURE 的单个节点；

（4）IfS 所由于其值均为相同类别属性值的记录组成；

（5）返回一个带有该值的单个节点；

（6）IfR 是空，则返回一个单节点；

（7）将 R 中属性之间具有最大 gain(D,S) 值的属性赋值给 D；

（8）将属性 D 的值赋值给 $\{d_j \mid j = 1,2,3 \cdots m\}$；ID3$(R - \{D\}, C, S_m)$

（9）将分别由对应于 D 的值的 d_j 的记录组成的 S 的子集赋给 $\{s_j \mid j = 1,2,3,\cdots,m\}$；

（10）返回一棵树，其根标记为 D，树枝标记为 $d_1, d_2, \cdots, d_m$；

（11）在分别递归构造以下树：ID3$(R - \{D\}, C, S_1)$，ID3$(R - \{D\}, C, S_2)$……ID3$(R - \{D\}, C, S_m)$；

（12）End ID3。

在 ID3 算法的每一个循环过程中，都对训练集进行查询以确定属性的信息增益（只是查询样本的子集而没有对其分类）。为了避免访问全部数据集，ID3 算法采用了称为窗口（Windows）的方法，窗口随机性是从数据集中选择一个子集。采用该方法表明构建树的速度大大加快。

3. ID3 算法流程

ID3 算法的执行过程如下：首先对所有属性计算其相应的信息增益值，并选择值最大的属性作为决策树的一个节点，之后由该属性的不同取值建立此节点下的分支，再对各分支的子集递归调用以上过程，建立决策树节点和分支，直到剩下的数据集合都属于同一类别为止，最后得到一棵决策树，用来对新的样本进行分类。对应的算法流程图如图 4－5 所示。

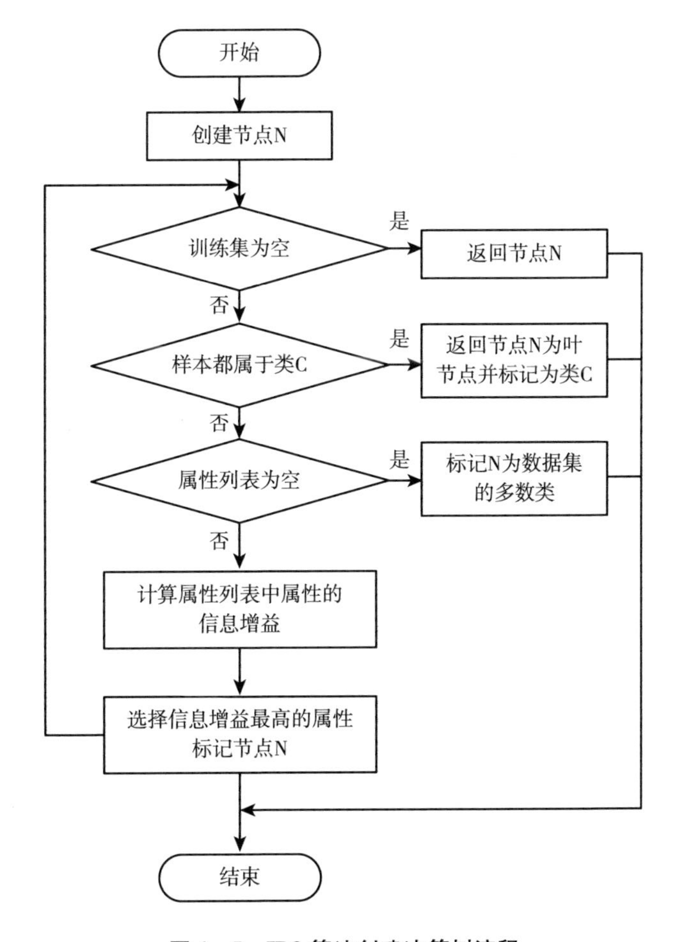

图 4－5　ID3 算法创建决策树流程

（三）ID3 算法的优缺点

1. ID3 算法的优点

总体而言，ID3 算法由于其理论清晰，方法简单，学习能力较强，适于处理大规模的学习问题，是数据挖掘和机器学习领域中的一个极好范例，也不失为一种知识获取的有用工具。

ID3 算法有许多优点，主要表现在以下几方面：

（1）搜索空间是完全的假设空间，目标函数必在搜索空间中，不存在无解的危险；

（2）全盘使用训练数据，而不是像候选剪除算法一个一个地考虑训练，这样做可以利用全部训练例的统计性质进行决策，从而抵抗噪声；

（3）可以处理连续和离散字段；

（4）可以生成可以理解的规则；

（5）计算量相对来说不是很大。

2. ID3 算法的缺点

ID3 算法有如下不足之处：

（1）可能会收敛于局部最优解而丢失全局最优解，因为它是一种自顶向下贪心算法，逐个地考虑训练例，而不能使用新例步进式地改进决策树，同时它是一种单变量决策树算法，表达复杂概念时非常困难；

（2）信息增益的方法往往偏向于选择取值较多的属性；

（3）连续性的字段比较难预测；

（4）当类别太多时，错误可能就会增加得比较快。

（四）ID3 算法的优化方案

由于 ID3 算法中涉及 log 运算比较麻烦，所以通过应用高等数学中的麦克劳林公式对算法中公式进行替换，使其达到简化算法的目的。而该方法建立的决策树与 ID3 建立的决策树在节点属性选择上具有一致性，因而建立的决策树是相同的，但效率是高的。下面分析 ID3 算法的简化算法。

假设训练实例集为 X，此学习的目的是将训练实例集分为 n 类，记为 $\{c_1, c_2, c_3, \cdots, c_n\}$，设 X 中训练实例总个数为 $|X|$，第 i 类训练实例的个数

是$|X_i|$，一个实例属于第 i 类的概率为 $P(X_i)$，则有：

$$P(X_i) = |X_i| / |X| \tag{4-47}$$

依照决策树信息熵计算公式，决策树对划分 X 的确定程度 $H(X)$ 为：

$$H(X) = -\sum_{i=1}^{n} P(X_i) \log_2 P(X_i) \tag{4-48}$$

决策树学习的过程就是使得决策树对划分的不确定程度逐渐减少的过程，如果选择测试属性 A 进行测试，设属性 A 具有属性值 $a_1, a_2, a_3, \cdots, a_n$，在 $A = a_j$ 的情况下属于第 i 类的实例个数为$|X_{ij}|$，记测试属性 A 的取值为 a_j 时，属于第 i 类的概率为 $P(X_i | A = a_j)$，则有：

$$P(X_i | A = a_j) = |X_{ij}| / |X_j| \tag{4-49}$$

$A = a_j$ 的实例集记作 Y_j，此时决策树分类的不确定度就是训练集对属性 A 的条件熵，则有：

$$H(Y_j) = -\sum_{i=1}^{n} P(X_i | A = a_j) \log_2 P(X_i | A = a_j) \tag{4-50}$$

然后针对选择测试属性 A 划分出的每个子集，节点 A 对于分类的信息熵记为：

$$\begin{aligned} H(X | A) &= \sum_{j=1}^{t} P(A = a_j) H(Y_j) \\ &= \sum_{j=1}^{t} \sum_{i=1}^{n} P(A = a_j) P(X_i | A = a_j) \log_2 P(X_i | A = a_j) \end{aligned} \tag{4-51}$$

属性 A 对于分类提供的信息量，即是属性 A 的信息增益，记作：

$$Gain(A) = H(X) - H(X | A) \tag{4-52}$$

式（4-52）说明 Gain(A) 的值越大，表明选择测试属性 A 对于分类提供的信息越大，则选择属性 A 之后对于分类的不确定程度越小。ID3 算法时采用信息增益作为测试属性的选择标准分割训练实例集，生成用来分类的决策树。

对于相关问题，需要将公式简化。为简化问题，将训练实例集分为两类，即正例和反例。设正例集个数为 p，反例集个数为 n，属性 A 的取值

为 $a_1, a_2, a_3, \cdots, a_n$，且当 $A = a_i$ 时，所属分支下的元素共有 $n_i + p_i$ 个，其中 n_i 个反例，p_i 个正例。

由式（4－48）可得：

$$H(X) = -\frac{n}{n+p}\log_2 \frac{n}{n+p} - \frac{p}{n+p}\log_2 \frac{p}{n+p} \tag{4-53}$$

由式（4－50）可得：

$$H(Y_j) = \frac{p_j}{n_j+p_j}\log_2 \frac{p_j}{n_j+p_j} - \frac{n_j}{n_j+p_j}\log_2 \frac{n_j}{n_j+p_j} \tag{4-54}$$

由式（4－51）可得：

$$H(X \mid A) = \sum_{j=1}^{t} \frac{n_j + p_j}{n+p} H(Y_j) \tag{4-55}$$

将式（4－53）、式（4－54）、式（4－55）代入式（4－52）可得信息增益值为 Gain(A)。

对于每个属性，H(X) 是一定量，通过属性 A 的条件熵 $H(X \mid A)$ 作为比较标准，则由式（4－54）、式（4－55）可得：

$$\begin{aligned} H(X \mid A) &= \sum_{j=1}^{t} \frac{n_j + p_j}{n+p}\left(-\frac{p_j}{n_j+p_j}\log_2 \frac{p_j}{n_j+p_j} - \frac{n_j}{n_j+p_j}\log_2 \frac{n_j}{n_j+p_j}\right) \\ &= \frac{1}{n+p}\sum_{j=1}^{t}\left(-p_j \log_2 \frac{p_j}{n_j+p_j} - n_j \log_2 \frac{n_j}{n_j+p_j}\right) \\ &= \frac{1}{(n+p)\ln^2}\sum_{j=1}^{t}\left(-p_j \ln \frac{p_j}{n_j+p_j} - n_j \ln \frac{n_j}{n_j+p_j}\right) \end{aligned} \tag{4-56}$$

式（4－56）中，因为 $\frac{1}{(n+p)\ \ln^2}$ 是固定值，所以令：

$$H'(X \mid A) = \sum_{j=1}^{t}\left(-p_j \ln \frac{p_j}{n_j+p_j} - n_j \ln \frac{n_j}{n_j+p_j}\right) \tag{4-57}$$

由麦克劳林公式：

$$\ln(1+x) = x - \frac{1}{2}x^2 + \frac{1}{3}x^3 - \frac{1}{4}x^4 + \frac{1}{5}x^5 - \cdots$$

其中，当 $x \to 0$ 时，有：

$$\ln(1+x) \approx x - \frac{1}{2}x^2 \tag{4-58}$$

又因为$\frac{n_j}{n_j+p_j} \ll 1$，$\frac{p_j}{n_j+p_j} \ll 1$，则通过式（4－57）和式（4－58）可得：

$$\ln \frac{p_j}{n_j+p_j} = \ln\left(1-\frac{n_j}{n_j+p_j}\right) \approx \left(-\frac{n_j}{n_j+p_j}\right) - \frac{1}{2}\left(-\frac{n_j}{n_j+p_j}\right)^2 \quad (4-59)$$

$$\ln \frac{n_j}{n_j+p_j} = \ln\left(1-\frac{p_j}{n_j+p_j}\right) \approx \left(-\frac{p_j}{n_j+p_j}\right) - \frac{1}{2}\left(-\frac{p_j}{n_j+p_j}\right)^2 \quad (4-60)$$

因此，将式（4－59）、式（4－60）代入式（4－61）中，可得：

$$H'(X \mid A)$$

$$= \sum_{j=1}^{t} \left\{ -p_j\left[\left(-\frac{n_j}{n_j+p_j}\right) - \frac{1}{2}\left(-\frac{n_j}{n_j+p_j}\right)^2\right] - n_j\left[\left(-\frac{p_j}{n_j+p_j}\right) - \frac{1}{2}\left(-\frac{p_j}{n_j+p_j}\right)^2\right]\right\}$$

$$= \sum_{j=1}^{t} \frac{5p_jn_j}{2(p_j+n_j)} = \frac{5}{2}\sum_{j=1}^{t}\frac{p_jn_j}{p_j+n_j} \quad (4-61)$$

由于式（4－61）中$\frac{5}{2}$是常数，所以可以令：

$$Gain'(A) = \sum_{j=1}^{t} \frac{p_jn_j}{p_j+n_j} \quad (4-62)$$

将Gain′（A）作为属性 A 的新的信息增益，即是简化的信息增益。

然后用式（4－62）计算每个属性的简化信息增益值并从中选择增益值最小的属性作为分类标准。

由于该改进算法只涉及加、乘、除运算，在计算机上较易实现，因而运算速度较原始算法要快得多。

二、C4.5 算法

C4.5 算法是用于生成决策树的一种经典算法，是 ID3 算法的一种延伸和优化。因为根据 C4.5 算法建立的决策树可以进行分类预测，所以，C4.5 算法也被叫作统计分类器。C4.5 算法对 ID3 算法作了几点改进，其中主要的改进有以下几个方面：

（1）能够处理具有缺失属性值的训练数据；

（2）能处理不同代价的属性；

（3）构造决策树之后进行剪枝；

(4）能处理离散型和连续型的属性类型，即可以将连续型的属性进行离散化处理。

同时，决策树每生成一个节点时，C4.5 算法都选择数据中最有效的分裂属性来对某一个样本进行分类，将其分在一个类别中或其他另外的类别中。信息增益（熵的差）规范化是来自于选择分类数据的属性。选择拥有最高的规范化信息增益为当下的分裂属性的一个元素。然后，C4.5 算法再继续计算下一子集中最高规范化的信息增益。规范化的信息增益即为信息增益率。C4.5 算法根据每一个条件属性的信息增益率的大小选择当下的分裂属性，消除了信息增益用作属性选择度量时趋向于选择属性的值较多的属性从而影响分类所带来的困扰。

（一）C4.5 算法步骤

C4.5 算法处理数据集时，依其属性做成数据表，去除无关属性和相应数据（即制定规则），称为训练数据。该数据集必须是完整的数据，包括预测条件属性和最后分类结果属性，被称为训练数据集。

C4.5 算法生成决策树的过程步骤如下。

Step1：创建一个节点 N。

Step2：IF 训练数据集为空，THEN 返回单个节点 N 作为空的叶子节点。

Step3：IF 训练集中的所有样本都属于同一个类 C，THEN 返回节点 N 为叶节点并将该节点标记为类 C。

Step4：IF 训练集的属性列表为空，THEN 返回 N 作为叶节点，并标记为数据集中样本多的类别。

Step5：FOR EACH 属性列表中的属性 Attribute List。

Step6：IF 属性是连续型的，THEN 对该属性进行离散化。

Step7：根据公式 $\mathrm{GainRatio}(A)=\dfrac{\mathrm{Info}(T)-\mathrm{Info}_A(T)}{\mathrm{SplitInfo}_A(T)}$ 计算属性列表中属性的信息增益率。

Step8：选择属性 Attribute List 中拥有最高的信息增益率的属性 A，并把节点 N 标记为属性 A。

Step9：删除属性列表 Attribute List 中的属性 A。

Step10：FOR EACH 属性 A 的属性值 a，由节点 N 分出一个条件为 A = a 的分支，得到子树。

Step11：递归方式循环 Step3 - 10，得到初步决策树。

Step12：利用更大的训练数据集对决策树进行修剪（优化）。

在进行决策树构造时，会根据数据集中的信息判断是否满足停止建树的条件，否则继续迭代。一般情况下，结束的条件主要有：属性列表为空；数据集中样本都已经归类；所剩样本都属于同一个类。满足其中一个条件便结束建树，得到初始的决策树。接着运用后剪枝的策略进行剪枝，简化决策树。

（二）C4.5 算法流程图

C4.5 算法流程如图 4 - 6 所示：

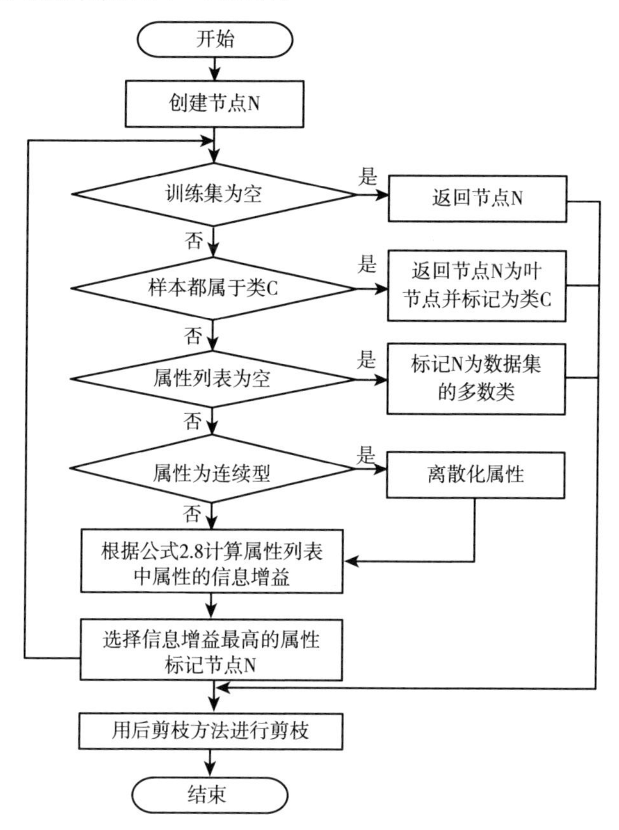

图 4 - 6　C4.5 算法流程

（三）C4.5 算法的优缺点

1. C4.5 算法的优点

C4.5 算法主要有以下优点：

第一，可以处理数据不完整和连续型属性的数据集；

第二，C4.5 算法进行分类之后产生的分类预测准则比较容易理解；

第三，分类的正确率比较高；

第四，建模速度较快。

2. C4.5 算法的缺点

C4.5 算法主要有以下缺点：

第一，在建立决策树的步骤流程中，必须重复地对相应的数据集进行依次扫描和逐个排序，所以造成了算法的分类效率不高；

第二，C4.5 算法的计算公式涉及了大量的对数运算，计算机在进行计算时，会频繁地调用函数，增加了算法的时间开销；

第三，算法在选择分裂属性时没有考虑到条件属性间的相关性问题，只计算数据集中每一个属性与类属性之间的期望信息，有可能影响到属性选择的正确性；

第四，C4.5 算法尽管是 ID3 算法的改进，可以处理数据不完整和连续型属性的数据集，但是其处理数据集样式的宽度仍需提高，即还不能处理很多其他形式的数据集。

（四）C4.5 算法的优化方案

下面主要分析相对较热门的两种 C4.5 优化改进的算法思想：基于粒子群优化算法改进的 C4.5 算法和基于模糊系统思想改进的 C4.5 算法。

1. 基于粒子群算法的 C4.5 算法

基于粒子群算法改进的 C4.5 算法（PSOC4.5），以 C4.5 算法作为分类决策基础，用粒子群算法进行特征选择，这是与 C4.5 算法最大的区别。

（1）粒子群优化算法的概念。

粒子群优化算法（particle swarm optimization，PSO）是一种基于群体

协作原理的随机搜索的技术，受群体的社会行为的启发，如鸟群觅食或鱼群集训，获得有前景的位置，以实现一定的目标。在粒子群优化算法中，每个粒子都有一个位置，并且基于一个更新的速度移动。在一个种群中的每一个粒子都有一个由适应度函数计算的适应度值。基本 PSO 中粒子的主要特征是位置、速度和能力，与邻近点来交换信息时能够记住先前的位置，并有通过信息作出决定的能力。

粒子群优化算法的初始化是随机的粒子群，每个粒子有速度和位置这两个属性，第 i 个粒子的速度和位置可以表示为 $v_i=(v_{i1},v_{i2},\cdots,v_{id})$ 和 $x_i=(x_{i1},x_{i2},\cdots,x_{id})$。这些粒子根据迭代方式找到最优解，在每一次的求解过程中，粒子依据跟踪两个最优值（个体极值 p_i 和全局极值 p_g）来更新自己所在的位置。在获取这两个最优值后，粒子可按照以下公式计算速度和位置：

$$V_i(t+1)=w\times V_i(t)+c_1\times y\times(p_i-x_i)+c_2\times y\times(p_g-x_i) \tag{4-63}$$

$$X_i(t+1)=X_i(t)+V_i(t+1) \tag{4-64}$$

其中，w 是惯性权重参数；y 是介于[0,1]的随机数；c_1，c_2 表示学习因子，是两个自定义常数。

（2）PSOC4.5 算法思想。

PSOC4.5 算法思想以 C4.5 算法作为分类方法的基础，用粒子群优化算法（PSO）进行特征选择和适应度评估。特征选择是影响分类正确率的关键步骤，故用粒子群优化算法优化特征选择，从而改进 C4.5 算法的分类正确率。

PSOC4.5 算法处理数据集时，进行特征选择之前的数据预处理都沿用了 C4.5 算法的思想，数据预处理完毕之后，用粒子群优化算法进行处理，优化特征选择；然后再用 C4.5 算法的计算公式对被选中的特征进行计算分类；迭代方式得到初始的决策树，最后再用剪枝方法进行剪枝优化，防止过度拟合。

（3）PSOC4.5 算法步骤。

PSOC4.5 算法步骤描述如下：

Step1：初始化。就是将数据集进行粒化。

Step2：选择一个粒子作为一个类。

Step3：从群里选择具有相同索引的粒子。

Step4：FOR EACH 粒子，评估每一个粒子的适应度函数。

Step5：根据式（4－63）和式（4－64）计算每个粒子最新的速度和位置，并获得粒子两个新的极值。

Step6：找出最优粒子，用 C4.5 算法的思想评估每一个被选中的粒子，并对其进行分类，直到最后一个粒子选择完毕。

2. 基于模糊算法的 C4.5 算法

基于模糊系统思想改进的 C4.5 算法又叫模糊决策树（Fuzzy DT）。Fuzzy DT 集合了模糊系统的优点和 C4.5 算法的思想，可以处理不确定和不精确的变量，同时提高了规则的可解释性。

（1）模糊逻辑系统。

模糊逻辑推理系统有一些模型可以用作浏览或者论证的原理，例如人类推理过程的方法，这些模型包括 Tsukamoto、Mamdani 和 TSK（Takagi Sugeno Kang）。因为接近人类思考的方式和根据语言学规则推理的规则，模糊 Mamdani 广泛地被当作构建系统的推理过程的工具。

模糊逻辑有一个隶属函数，该函数表明了元素属于这个集合的程度。隶属函数可用图形化的形式表达模糊集合。有很多隶属函数图形可以被用来确定一个模糊集的隶属函数，如三角形隶属函数、梯形隶属函数和高斯隶属函数等。其中三角形隶属函数是最常用也最简单的一种隶属函数，其模糊化公式如下：

$$trigle(x,a,b,c)=\begin{cases}0 & x\leqslant a\\ \dfrac{x-a}{b-a} & a\leqslant x\leqslant b\\ \dfrac{c-x}{c-b} & b\leqslant x\leqslant a\\ 0 & c\leqslant x\end{cases} \tag{4-65}$$

进行模糊化时，先将数据划分几个区域。

x 表示在区域内的变量，确定定义域。

a,b,c 表示区域的边界，确定曲线形状。参数 a 和 c 对应的是三角形下方左右两个点的值，而参数 b 则对应三角形上方顶点的值。

（2）Fuzzy DT 算法思想。

Fuzzy DT 算法思想沿用了 C4.5 算法决定特征重要性的方法（信息熵和增益比），同时，也运用归纳策略递归地构造分类决策树。不同的是，Fuzzy DT 算法在推导决策树之前将连续型属性值定义为一系列的模糊集，用这种方法进行“离散化”。模糊化属性值，就是将属性值转换成相对应得自然语言变量，再根据自然语言变量进行分类计算。图 4 –7 简单地描述了数据模糊化的简单示例过程：

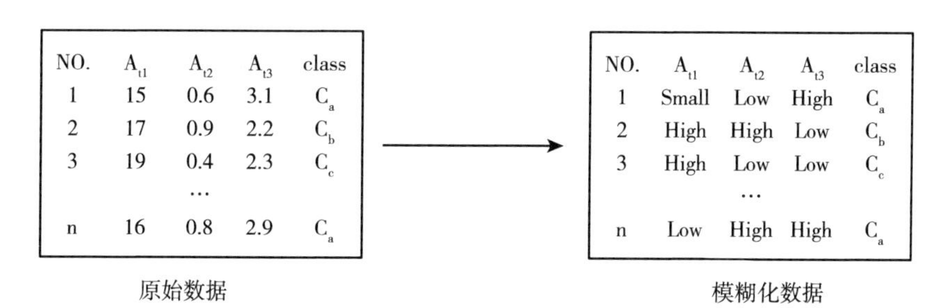

NO.	A_{t1}	A_{t2}	A_{t3}	class
1	15	0.6	3.1	C_a
2	17	0.9	2.2	C_b
3	19	0.4	2.3	C_c
		…		
n	16	0.8	2.9	C_a

NO.	A_{t1}	A_{t2}	A_{t3}	class
1	Small	Low	High	C_a
2	High	High	Low	C_b
3	High	Low	Low	C_c
		…		
n	Low	High	High	C_a

图 4 –7　简单的模糊化示例

该数据集中含有 n 个样本，3 个条件属性（A_{t1}，A_{t2}，A_{t3}）和 1 个类属性（class），3 个类属性值（C_a，C_b，C_c）。图 4 –7 中第二个区域则是属性值模糊化的描述，最后是根据模糊化数据变量进行分类的决策树模型。

（3）Fuzzy DT 算法步骤。

Fuzzy DT 算法的步骤描述如下：

Step1：定义模糊数据集。将连续型属性按照数据域进行模糊粗糙化。

Step2：确定一种隶属函数。

Step3：用模糊集的语言标签代替训练集中的连续型属性值，得到具有最高兼容性的输入值。

Step4：计算每一个属性的信息增益率，对训练样本进行分类。将每一个样本进行归类直到候选属性为空，或者训练样本集为空。

Step5：运用后剪枝方法对决策树进行剪枝优化，类似于 C4.5 算法，用 25% 的默认置信度进行修剪。

三、CART 算法

（一）CART 算法原理

CART 算法采用最小 GINI 系数选择内部节点的分裂属性。根据类别属性的取值是离散值还是连续值，CART 算法生成的决策树可以相应地分为分类树和回归树。本章将 CART 算法用于分类问题的研究，因此采用的是分类树，形成分类树的步骤如下：

Step1：计算属性集中各属性的 GINI 系数，选取 GINI 系数最小的属性作为根节点的分裂属性。对连续属性，需计算其分割阈值，按分割阈值将其离散化，并计算其 GINI 系数；对离散属性，需将样本集按照该离散属性取值的可能子集进行划分（全集和空集除外），如该离散属性有 n 个取值，则其有效子集有 2^n-2 个，然后选择 GINI 系数最小的子集作为该离散型属性的划分方式，该最小 GINI 系数作为该离散属性的 GINI 系数。

GINI 系数度量样本划分或训练样本集的不纯度，不纯度越小表明样本的“纯净度”越高。

GINI 系数的计算方法在本章第一节中已有论述，在此不再赘述。

Step2：若分裂属性是连续属性，样本集按照在该属性上的取值，分成 $<=T$ 和 $>T$ 的两部分，T 为该连续属性的分割阈值；若分裂属性是离散属性，样本集按照在该属性上的取值是否包含在该离散属性具有最小 GINI 系数的真子集中，分成两部分。

Step3：对根节点的分裂属性对应的两个样本子集 S_1 和 S_2，采用与步骤 1 相同的方法递归地建立树的子节点。如此循环下去，直至所有子节点中的样本属于同一类别或没有可以选作分裂属性的属性为止。

Step4：对生成的决策树进行剪枝。

对于某个连续型属性 A_c，假设在某个节点上的样本集 S 的样本数量为 total，CART 算法将对该连续属性作如下处理：

（1）将该节点上的所有样本按照连续型描述属性 A_c 的具体数值，由小到大进行排序，得到属性值序列 $\{A_{1c}, A_{2c}, \cdots, A_{totalc}\}$。

（2）在取值序列中生成 total－1 个分割点。第 i(0 < i < total) 个分割点的取值设置为 $V_i = (A_{ic} + A_{(i+1)c})/2$，它可以将节点上的样本集划分为 $S_1 = \{s | s \in S, A_c(S) \leqslant V_i\}$ 和 $S_2 = \{s | s \in S, A_c(S) > V_i\}$ 两个子集，$A_c(S)$ 为样本 s 在属性 A_c 上的取值。

（3）计算 total－1 个分割点的 GINI 系数，选择 GINI 系数最小的分割点来划分样本集。

（二）CART 算法的优化方案

CART 选择具有最小 GINI 系数值的属性作为分裂属性，并按照节点的分裂属性，采用二元递归分割的方式把每个内部节点分割成两个子节点，递归形成一棵结构简洁的二叉树。但 CART 算法存在以下不足：一方面，选取内部节点的分裂属性时，对于连续型描述属性，CART 算法将计算该属性的每个分割点的 GINI 系数，再选择具有最小 GINI 系数的分割点作为该属性的分割阈值，如果属性集中连续属性个数很多且连续属性的不同取值也很多，采用这种方式建立的决策树计算量会很大；另一方面，决策树在选择叶节点的类别标号时，以“多数表决”的方式选择叶节点中样本数占最多的类别标识叶节点，虽然在多数情况下，“多数表决”是一个不错的选择，但这会屏蔽小类属数据对分类结果的表决。针对 CART 算法这两方面的不足，下面将提出以下改进方案。

1. CART 算法选取连续属性分割阈值的改进

将“Fayyad 边界点判定原理”用于改进 C4.5 算法的连续型描述属性的分割阈值的选择，由于熵和 GINI 系数相似，都刻画了样本集的纯净度：熵和 GINI 系数越小，样本集越纯净。因此本书将其用于 CART 算法，对 CART 算法中选择连续型描述属性的分割阈值的计算复杂性问题提出了一些改进。

（1）Fayyad 边界点判定原理。

定义 4.1　边界点：属性 A 中的一个值 T 是一个边界点，当且仅当在按属性 A 的值升序排列的样本集中，存在两个样本 $s1, s2 \in S$ 具有不同的类，使得 $A(s1) < T < A(s2)$，且不存在任何的样本 $s \in S$，使 $A(s1) < A(s) < A(s2)$。S 为样本集，A(s) 表示样本 s 的属性 A 的取值。

定理 4.1 Fayyad 边界点判定定理：若 T 使得 E(A,T;S) 最小，则 T 是一个边界点。其中，A 为属性，S 为样本集，E 为在属性 A 上划分样本集 S 的平均信息量，也称平均类熵，T 为属性 A 的阈值点。该定理表明，对连续属性 A，使得样本集合的平均类熵达到最小值的 T，总是处于排序后的样本序列中两个相邻异类样本之间，也即使得样本集合的平均类熵达到最小值的 T 是属性 A 的一个分界点。

（2）熵和 GINI 系数。

熵刻画了任意样本集的纯度，熵值越小子集划分的纯度越高，识别其中元组分类所需要的平均信息量就越小。熵的计算公式如下所示：

$$I(|C_1|,|C_2|,\cdots,|C_n|) = -\sum_{i=1}^{n} p_i \log_2 p_i \tag{4-66}$$

式（4-66）中，p_i——样本集 S 中样本属于的 C_i 概率。

对某一连续型描述 A 的一个分割点 T，划分样本集 S 的平均类熵为：

$$E(A,T;S) = \frac{|S_1|}{|S|}I(S_1) + \frac{|S_2|}{|S|}I(S_2) \tag{4-67}$$

式（4-67）中，S_1——样本集 S 在属性 A 上取值小于等于 T 的子集，

S_2——大于 T 的子集。

在同一二元分裂的情况下，熵和 GINI 系数的关系如图 4-8 所示。由图 4-8 可知：熵和 GINI 系数在同一二元分裂中变化趋势相同，熵越小，GINI 系数也越小。

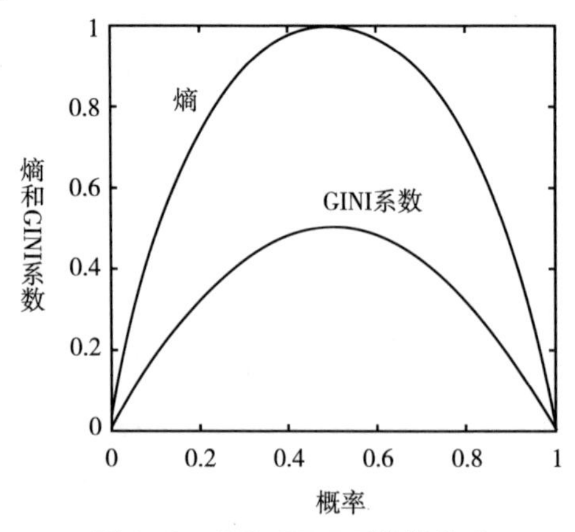

图 4-8　熵和 GINI 系数的关系

（3）Fayyad 边界点判定原理用于 CART 算法。

比较熵理论和 GINI 系数可知，熵越小，样本集越纯净，GINI 系数也越小。因此，根据 Fayyad 边界点判定定理：对连续型描述属性 A，使 GINI 系数达到最小值的分割阈值 T，也总是处于样本集按属性 A 的值升序排列后的属性 A 的边界点处。

在 CART 算法中，选取连续型描述属性的分割阈值时，不需要计算每个分割点的 GINI 系数，只要计算分界点的 GINI 系数即可，GINI 系数最小的分界点即为该属性的阈值点。为了保持与 CART 的一致性，这里边界点选为排序后相邻不同类别的属性值的平均值。

采用改进的 CART 算法，当需要离散化的属性的值越多，而样本所属类别越少时，算法的计算效率提高得越明显；只有在出现最不理想情况时，即每个属性值对应一个类别，改进算法运算次数与未改进算法才会相同，不会降低算法的计算效率。

2. CART 算法选择叶节点类标号的改进

决策树在选择叶节点的类别标号时，对叶节点的样本集采取“多数表决”的方式，即选择多数类作为叶节点的类别标号。但在实际应用中，“多数表决”并不是所有情况都应遵循的唯一准则。本书针对样本集的主类类属分布不平衡时，小类属样本无法表达的情况，利用关键度度量进行改进。与关键度有关的几个定义如下：

定义 4.2　类属分散度：第 j 个叶节点中的类别 i 的样本数占子树总的样本集中类别 i 的样本数的比重

$$\alpha_{ij} = |C_i|_j / |C_i|$$

定义 4.3　类属决策度：第 j 个叶节点中的类别 i 的样本数占叶节点 j 的总的样本数的比重

$$\beta_{ij} = |C_i|_j / \sum_{i=1}^{n} |C_i|_j$$

定义 4.4　关键度：其值为类属分散度和类属决策度之积

$$d_{ij} = \alpha_{ij}\beta_{ij}$$

为了克服偏类样本集中多数类的数量优势，给小类属提供机会展示自己的数据特征，改进的 CART 算法在选择叶节点的类别标号时，选取关键度最大的类别标号，而不是选择多数类的类别标号。

3. 改进算法的核心部分流程

图 4 –9 为选择内部节点的分裂属性的流程，本节主要研究 CART 算法选择连续型描述属性分割阈值的改进方法，因此，图 4 –9 主要针对连续型描述属性。

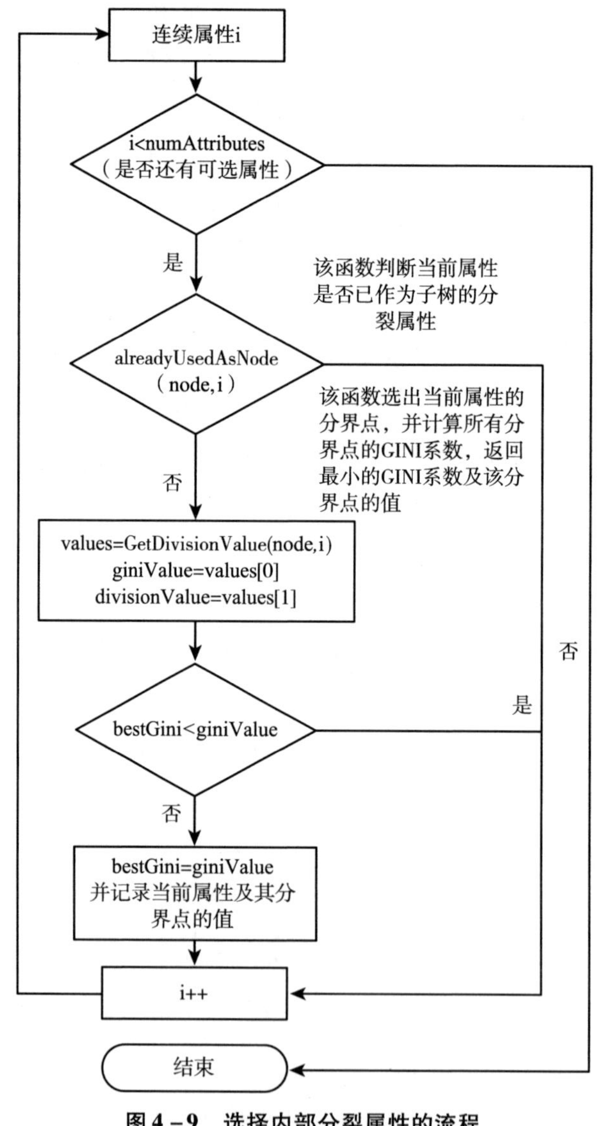

图 4 –9　选择内部分裂属性的流程

图 4－10 为利用关键度度量选择叶节点的类标号的流程。

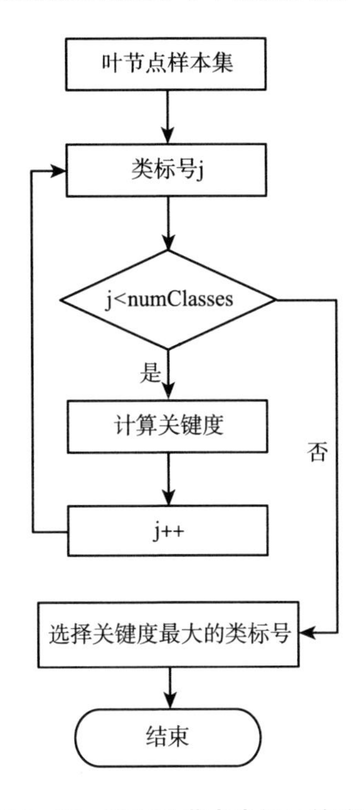

图 4－10　选择叶节点类标号的流程

第五章

神经网络学习算法

神经网络作为一种机器学习算法出现得并不晚，20 世纪 40 年代沃伦·麦克洛奇与沃尔特·皮茨就开始了相关的研究工作。在此后的几十年里，神经网络算法的发展经历了很多波折——曾经一度引起轰动效应，也受到过来自很多方面甚至是包括哲学方法论的质疑。但不论怎样，神经网络作为一种在很多工程领域都行之有效的机器学习方法，在机器学习领域始终占有非常重要的位置。

第一节　人工神经网络概述

一、人工神经元模型

1943 年，美国神经生理学家沃伦·麦克洛奇和数学家沃尔特·皮茨合作，根据当时已知的生物神经元的功能和结构，运用自己的想象力，提出了模拟生物神经元的简化数学模型，称为“McCulloch-Pitts 神经元”，或简称“M-P 神经元”。麦克洛奇和皮茨进而通过 M-P 神经元的互连构造了世界上第一个人工神经系统。两位科学家关于该系统的论文《神经活动中固有的思想逻辑运算》是人工智能的经典论文之一，奠定了人工神经网络的发展基础。

M-P 神经元模型如图 5－1 所示。在图 5－1 中，$x_1, x_2, \cdots, x_n$ 表示神经元的 n 个输入，相当于生物神经元通过树突所接受的来自其他神经元的神经冲动；$\omega_1, \omega_2, \cdots, \omega_n$ 分别表示每个输入的连接强度，称为连接权值；θ 为神经元的输出阈值，相当于生物神经元的动作电位阈值，通常也称为偏离值（bias）；y 为神经元的输出，相当于生物神经元通过轴突向外传递的神经冲动；中间圆形区域表示根据输入信息获得输出信息的部分，相当于生物神经元的细胞体。

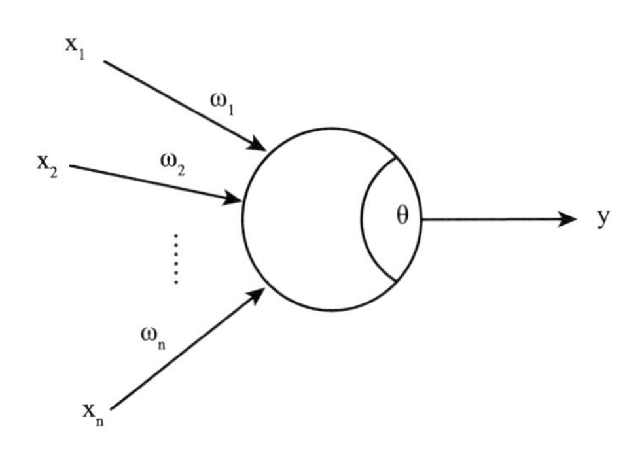

图 5－1　M-P 神经元模型

类似于生物神经元，M-P 神经元接受输入 $\mathbf{X} = \{x_1, x_2, \cdots, x_n\}$，将其整合并激活神经元后产生输出。因此，人工神经元的输入输出映射关系由整合函数（combination function）和激活函数（activation function）两部分构成。应用不同的整合函数和不同的激活函数，可以得到不同类型的 M-P 神经元。设 g(X) 表示整合函数，f(·) 表示激活函数，则有：

$$y = f(g(\mathbf{X}))$$

令 $\xi = g(X)$，称其为激活值。

（一）常用整合函数

1. 加权求和函数

加权求和函数形式为：

$$\xi = g(\mathbf{X}) = \sum_{i=1}^{n} \omega_i x_i - \theta \tag{5-1}$$

相应地，神经元输入输出映射关系是：

$$y = f(\xi) = f\left(\sum_{i=1}^{n} \omega_i x_i - \theta\right) \tag{5-2}$$

有时为了计算方便，可将阈值 θ 也视为一个输入 x_0，其权值固定为 -1，即 $\omega_0 = -1$，则式（5-2）可简化为：

$$y = f(\xi) = f\left(\sum_{i=0}^{n} \omega_i x_i\right) \tag{5-3}$$

2. 径向距离函数

以输入向量与中心向量的欧氏距离作为整合后的结果，这一整合形式主要用在径向基函数网络中。设中心向量为 $\mathbf{C} = \{c_1, c_2, \cdots, c_n\}$，$\|\mathbf{X} - \mathbf{C}\|$ 表示输入向量与中心向量的欧氏距离，即：

$$\xi = \|\mathbf{X} - \mathbf{C}\| = \sqrt{\sum_{i=1}^{n} (x_i - c_i)^2} \tag{5-4}$$

相应地，神经元输入输出映射关系是：

$$y = f(\xi) = f\left(\sqrt{\sum_{i=1}^{n} (x_i - c)^2}\right) \tag{5-5}$$

（二）常用激活函数

激活函数有许多不同形式。常用激活函数包括阈值函数（阶跃函数）、线性函数、分段线性函数、S（Sigmoid）型函数、高斯函数和修正线性单元函数。

1. 阈值函数

阈值函数是麦克洛奇和皮茨最初提出 M-P 神经元时所采用的形式。函数形式为：

$$f(\xi) = \begin{cases} 1, \xi \geqslant 0 \\ 0 \text{ 或 } -1, \xi < 0 \end{cases} \tag{5-6}$$

该函数说明采用阈值型激活函数的 M-P 神经元，当其整合后的输入信号超过输出阈值时，神经元输出 1，表示神经元处于兴奋状态，否则输出 0 或 -1，表示神经元处于抑制状态。

2. 线性函数

采用线性激活函数的神经元，其输出结果等于输入整合结果，即：

$$f(\xi)=\xi$$

3. 分段线性函数

分段线性函数的一般形式为：

$$f(\xi)=\begin{cases}1, \xi\geqslant 1\\ \xi, -1<\xi<1\\ -1, \xi\leqslant -1\end{cases} \tag{5-7}$$

4. S（Sigmoid）型函数

S 型函数是具有单增性、光滑性和渐进性质的非线性连续函数，目前在人工神经网络的中应用最为普遍。典型的 S 型函数包括 Logistic 函数和双曲正切（tanh）函数。

Logistic 函数可表示为：

$$f(\xi)=\frac{1}{1+e^{-\xi}} \tag{5-8}$$

双曲正切函数可表示为：

$$f(\xi)=\tanh\left(\frac{\xi}{2}\right)=\frac{1-e^{-\xi}}{1+e^{-\xi}} \tag{5-9}$$

5. 高斯函数

高斯函数形式为：

$$f(\xi)=e^{-\xi^2/2\sigma^2} \tag{5-10}$$

式（5－10）中，σ 为标准差。

6. 修正线性单元函数

修正线性单元函数形式为：

$$f(\xi)=\max(0,\xi) \tag{5-11}$$

即在线性函数基础上增加了不为负的限制。该函数在目前深度神经网络结构中得到广泛的采用，在实践中表现出优于其他常用激活函数的效果。

二、人工神经网络的结构类型

人工神经网络结构可以分为前馈型网络和反馈型网络两大类，没有信息回路的为前馈型网络，存在信息回路的为反馈型网络。

（一）前馈型神经网络

前馈型神经网络，又称前向网络，对应结构图中不含任何信息回路，也就是说神经元之间没有反馈连接。图 5 –2 显示了一般性的前馈型神经网络结构。如图 5 –2 所示，前馈型神经网络可看作分层网络，信息从输入到输出层逐渐传递，传递可以逐层进行或跨层进行，但在实际中通常是采用逐层传递的结构，信息跨层传递的网络比较少见。

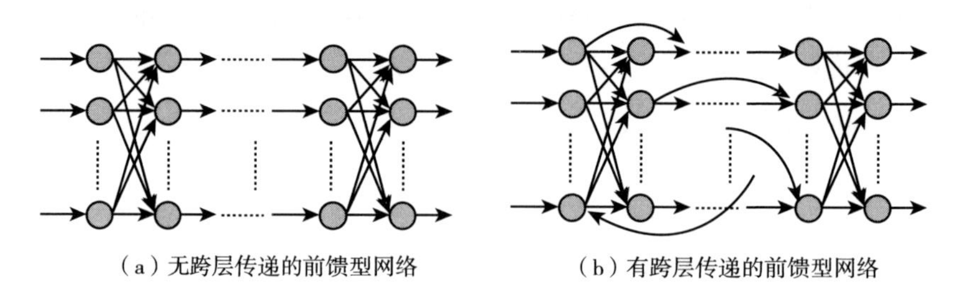

（a）无跨层传递的前馈型网络　　（b）有跨层传递的前馈型网络

图 5 –2　前馈型神经网络结构

按照层数的不同，前馈型网络又可划分为单层、两层及多层网络等。在多层前馈型网络中往往将所有神经元按功能划分为输入层、隐含层（中间层）和输出层。其中，输入层上的神经元从外部环境中接受输入信息，输出层上的神经元向外部环境中产生神经网络的输出信息。隐含层则位于输入输出层中间，是一个中间处理层，由于不直接与外部输入、输出打交道，因此称为隐含层。

（二）反馈型神经网络

反馈型神经网络对应结构图中具有信息回路，这种信息回路或者存在于同层神经元之间，或者存在于不同层神经元之间。由于存在信息回路，导致网络具有动态特性，即神经元的信息输出有可能导致自身的信息输入发生变化，从而又引起神经元输出的变化。相反，前馈型网络在信息从输入层传递到输出层后，工作即告终止，不会出现循环往复的情况，因此是静态的。

图5-3显示了反馈型网络中的同层反馈链接和异层反馈连接，以及最一般的反馈型神经网络——全互连网络或称全连接网络。在全互连网络中，所有两两神经元之间都是互连的，因此每个神经元都既可以作为输入，也可以作为输出，神经元之间没有层次的区分。图5-3（b）中，$\mathbf{X}=\{x_1,x_2,\cdots,x_n\}$表示各个神经元的输入信号，$\mathbf{Y}=\{y_1,y_2,\cdots,y_n\}$表示各个神经元的输出信号，这些输出信号被反馈给自身和其他神经元，因而也是一种反馈信号。Y同时也代表了系统所处的状态。全互连网络可以在没有输入的情况下，从系统的当前状态开始运行，根据内部信号的反馈不断改变自己的状态。因此在反馈型网络中，输入X不是必需的。

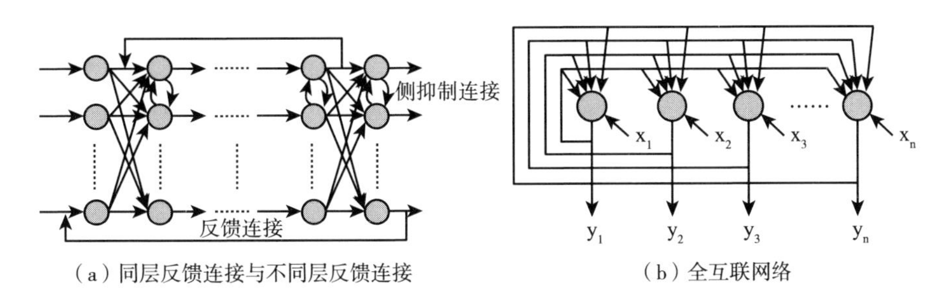

（a）同层反馈连接与不同层反馈连接　　（b）全互联网络

图5-3　反馈型神经网络结构

根据以上对于反馈型网络的介绍可知，信息要在网络中各个神经元之间反复往返传输，从而使得网络处在一种不断改变状态的过程中，这种过程最终可能导致以下两种结果之一：①经过若干次状态变化后，网络达到某种平衡状态，产生某一稳定的输出信号；②网络进入周期性振荡或混沌状态。因此，反馈型网络可认为是一种非线性动力系统，对它的分析可借助非线性动力系统的分析手段。

三、人工神经网络的学习方式

（一）赫伯学习

赫伯学习规则是如果神经网络中某一神经元同另一直接与它连接的神经元同时处于兴奋状态，那么这两个神经元之间的连接强度应得到加强。设$\omega_{ij}(t+1)$，$\omega_{ij}(t)$分别表示第t和t+1时刻时，第i个神经元和第j

个神经元之间的连接权值；$x_i(t)$，$x_j(t)$分别为第 t 时刻时，第 i 个神经元和第 j 个神经元的输出。赫伯学习规则可形式化为：

$$\omega_{ij}(t+1)=\omega_{ij}(t)+\eta(x_i(t)\cdot x_j(t)) \tag{5-12}$$

式（5－12）中，η 为一正常数，称为学习因子。

（二）竞争学习

竞争学习中，神经网络中的神经元之间存在竞争关系，相互竞争对外部输入的响应。在竞争中获胜的神经元，其连接权值的调整将使这一神经元在下一次竞争同样或类似的外部输入模式时更为有利。可以说，竞争获胜的神经元抑制了竞争失败的神经元对外部输入模式的响应。

竞争学习的最简单形式是在任一时刻，都只允许有一个神经元被激活，更一般的形式则是允许多个竞争获胜者同时出现，与所有获胜者神经元相关联的连接权值都将在学习中得到更新。

四、人工神经网络的特点

神经网络的特点主要有分布式存储信息、信息处理和存储合二为一、并行协同处理信息、对信息处理具有自组织自学习的能力。具体内容如下。

（1）分布式存储信息。神经网络不同的位置都可以存储相应的信息，主要分布在神经元之间的连接和连接权值上，当网络受到损害时，仍然能够保证信息的正确，具有较强的容错性。

（2）信息处理和存储合二为一。神经元不仅具有信息处理能力，还有信息存储功能。

（3）并行协同处理信息。每一个神经元都可以接收信息并独立处理这些信息，同一层的神经元可以同时计算结果和输出结果，交给下一层进行处理。体现了并行运算的能力，也使网络具有较强的实时性。

（4）对信息处理具有自组织自学习的能力。结构和参数是神经网络两大要素，权值与阈值是评价神经网络的标准。神经网络可以自行不断学习和训练，修改自身参数，从而提高神经元的灵敏度。

第二节　前馈神经网络

如前文所述，前馈神经网络（以下简称“前馈网络”）是结构上不包含信息回路的神经网络。在网络工作过程中，信息从输入层输入，经若干中间层，逐层传递到输出层产生输出。从计算角度看，前馈网络建立了输入——输出之间的映射关系，是一种函数表达形式。事实上，人们已证明4层以上前馈网络足以表达任意的连续函数。当然一个前馈网络是否能准确表达待求解的函数，除了结构以外，还依赖于相应学习算法的有效性，二者是紧密交织在一起的。前馈网络的每一次大发展，从最初的单层感知器、到多层感知器、再到深度网络，都是结构和学习算法的共同进步。

前馈神经网络可以看作函数，既可以从结构来推得其所表达的函数形式，也可以从所表达的函数形式来反推网络结构。径向基函数网络是后者的一个典型代表，从中可以更好地看出前馈网络与函数之间的内在联系。

本节介绍经典的前馈神经网络结构及其学习算法，包括误差反向传播（back-propagation neural network，BP）神经网络、卷积神经网络（convolutional neural network，CNN）、径向基函数网络。

一、BP 神经网络

BP 神经网络由大卫·鲁梅尔哈特（David Rnmelhart）、杰弗里·辛顿（Geoffrev Hinton）等在20世纪80年代中期提出。它是人工神经网络中最常用的一种，具备人工神经网络理论中最精华的部分。由于结构简单、可塑性强等特点，在模式识别、模型构建和信息分类等领域有广泛的应用。

BP 网络对于推动神经网络的发展起到了重要的作用，至今仍然是得到广泛采用的前馈网络模型之一。

（一）BP 网络结构

从结构上看，BP 网络是典型的多层感知器，它不仅有输入层神经元、输出层神经元，而且有一层或多层隐含层神经元，层与层之间采用全互连方式。其中计算神经元的整合函数均为加权求和函数，激活函数均为非线性可微函数，通常采用 S 型函数。图 5－4 显示了一个典型的三层 BP 网络，图中符号以及在下面推导权值更新公式中将要用到的一些符号的含义如下：

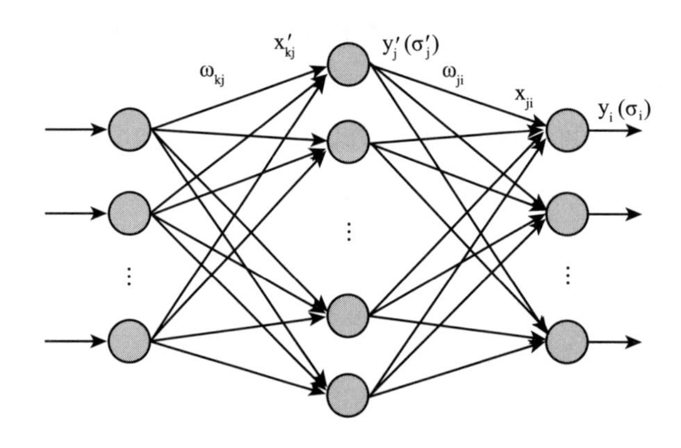

图 5－4　三层 BP 网络结构示例

y_i——第 i 个输出神经元激活函数的输出。

σ_i——第 i 个输出神经元整合函数的输出。

x_{ji}——第 j 个隐含层神经元传输给第 i 个输出层神经元的数据。

w_{ji}——第 j 个隐含层神经元与第 i 个输出层神经元之间的连接权值。

y'_j——第 j 个隐含层神经元激活函数的输出（即 $x_{ji}=y'_j$）。

σ'_j——第 j 个隐含层神经元加权求和型整合函数的输出。

x'_{kj}——第 k 个输入层神经元传输给第 j 个隐含层神经元的数据。

w_{kj}——第 k 个输入层神经元与第 j 个隐含层神经元之间的连接权值。

（二）BP 权值更新规则

BP 学习算法的学习目标是最小平方误差，其优化方法是梯度下降。

下面利用图 5－4 所示三层 BP 网络以及其中的符号，根据最小平方误差学习目标和梯度下降优化方法，推导 BP 学习中的权值调整公式，最后给出相应学习过程。推导过程可推广至具有任意层数隐含层的 BP 网络。

对于 BP 网络来说，其最小平方误差学习目标为：

$$\omega^* = \arg\min_{\omega} e(\omega) \tag{5-13}$$

上述平方误差是在所有训练样本上来计算的，这样每次迭代时都要考虑所有样本，计算量较大，实际更经常采用的是每次用一个或一批数据（通常称为 batch）来进行迭代，这样学习速度更快，但也因此给学习效果带来一定的随机性，从而这种梯度下降方法被称为随机梯度下降方法（stochastic gradient descent）。

下面以每次输入一个数据进行更新为例进行推导，采用一批数据更新一次的方式可以按此类推。对于一个数据来说，BP 网络在所有输出信号上引起的误差为：

$$e(\omega) = \frac{1}{2}\sum_{i=1}^{n}[d_i - y_i]^2 \tag{5-14}$$

如果是批处理方式，则还需在以上公式上加上对该批数据求和的运算。

下面运用梯度下降优化方法，根据式（5－13）求解 ω^*。设$\nabla e(\omega)$表示 $e(\omega)$的梯度，则权值迭代公式为：

$$\omega = \omega + \eta \underbrace{[-\nabla e(\omega)]}_{\delta} \tag{5-15}$$

可将式（5－15）分解到权值向量的各个分量上，设 ω 表示权值向量中任意分量，可得：

$$\omega = \omega - \eta \frac{\partial e(\omega)}{\partial \omega} \tag{5-16}$$

接下来的任务就是为每个权值分量导出$\frac{\partial e(\omega)}{\partial \omega}$的计算公式，推导得关键在于建立连接权值与输出误差的关系，这种关系对于输出层神经元和隐含层神经元而言是不同的，因此分为输出层和隐含层两种情况处理。

1. 输出层的权值调整公式

对于输出层神经元而言，需要调整的是隐含层到输出层的连接权值。这些权值直接影响神经网络的输出，因此输出误差与相应连接权值的关系为：

$$\begin{cases} e(\omega) = \dfrac{1}{2}\sum_{i=1}^{n}[d_i - y_i]^2 \\ y_i = \dfrac{1}{1+e^{-\sigma_i}} \\ \sigma_i = \sum \omega_{ji}x_{ji} \end{cases} \tag{5-17}$$

这里采用 logistic 激活函数，对于其他激活函数，推导过程类似。

根据式（5－17），可得：

$$\frac{\partial e}{\partial \omega_{ji}} = \frac{\partial e}{\partial y_i}\frac{\partial y_i}{\partial \sigma_i}\frac{\partial \sigma_i}{\partial \omega_{ji}}$$

而，

$$e = \frac{1}{2}\sum(d_i - y_i)^2 \Rightarrow \frac{\partial e}{\partial y_i} = (y_i - d_i) \tag{5-18}$$

$$y_i = \frac{1}{1+e^{-\sigma_i}} \Rightarrow \frac{\partial y_i}{\partial \sigma_i} = y_i(1-y_i) \tag{5-19}$$

$$\sigma_i = \sum \omega_{ji}x_{ji} \Rightarrow \frac{\partial \sigma_i}{\partial \omega_{ji}} = x_{ji} \tag{5-20}$$

所以有：

$$\frac{\partial e}{\partial \omega_{ji}} = x_{ji}y_i(1-y_i)(y_i - t_i) \tag{5-21}$$

将式（5－21）代入式（5－16），即可得到输出层神经元连接权值的调整公式，即：

$$\omega_{ji} = \omega_{ji} - \eta x_{ji}y_i(1-y_i)(y_i - d_i) \tag{5-22}$$

2. 隐含层的权值调整法则

对于隐含层神经元而言，需要调整的是输入层到隐含层的连接权值。这些权值通过隐含层的输出间接影响整个神经网络的输出，因此输出误差与相应连接权值的关系为：

$$\begin{cases} e(\omega) = \frac{1}{2}\sum_{i=1}^{n}[d_i - y_i]^2 \\ y_i = \frac{1}{1+e^{-\sigma}} \\ \sigma = \sum \omega_{ji}x_{ji} = \sum \omega_{ji}y'_j \\ y'_j = \frac{1}{1+e^{-\sigma'}} \\ \sigma' = \sum \omega_{kj}x_{kj} \end{cases} \tag{5-23}$$

根据式（5－23），有：

$$\frac{\partial e}{\partial \omega_{kj}} = \sum_{i=1}^{n} \frac{\partial e}{\partial y_i}\frac{\partial y_i}{\partial \sigma}\frac{\partial \sigma}{\partial y'_j}\frac{\partial y'_j}{\partial \sigma'}\frac{\partial \sigma'_j}{\partial \omega_{kj}}$$

类似于输出层神经元权值调整中式（5－18）~式（5－20）的推导，有：

$$\frac{\partial e}{\partial y_i} = (y_i - t_i), \frac{\partial y_i}{\partial \sigma_i} = y_i(1-y_i),$$

$$\frac{\partial \sigma_i}{\partial y'_j} = \omega_{ji}, \frac{\partial y'_j}{\partial \sigma'_j} = y'_j(1-y'_j), \frac{\partial \sigma'_j}{\partial \omega_{kj}} = x_{kj}$$

综合起来，得：

$$\frac{\partial e}{\partial \omega_{kj}} = x_{kj}y'_j(1-y'_j)\sum_{i=1}^{n}[\omega_{ji}y_i(1-y_i)(y_i-t_i)] \tag{5-24}$$

同样，将式（5－24）代入式（5－16），便得到隐含层神经元连接权值的调整公式，即：

$$\omega_{kj} = \omega_{kj} - \eta x_{kj}y'_j(1-y'_j)\sum_{i=1}^{n}\omega_{ji}y_i(1-y_i)(y_i-d_i) \tag{5-25}$$

（三）BP 学习过程

根据上述权值更新公式的推导，可知在 BP 学习中需根据网络输出的误差逐层调整各个神经元的连接权值，因此，BP 学习过程由信号正向传播和误差反向传播两个阶段构成。其中，信号正向传播用于获得在隐含层神经元和输出层神经元上的输出信号；误差反向传播用于将网络期望输出与实际输出的误差从输出层反向传播至隐含层再至输入层，并在此过程中更新各个神经元的连接权值。

具体地说，当给定一组训练数据后，BP 网络依次对这组训练数据中的每个（或每批）数据按如下方式进行处理：将输入数据从输入层传到隐含层，再传到输出层，产生一个输出结果，这一过程称为正向传播；如果经正向传播在输出层没有得到所期望的输出结果，则转为误差反向传播过程，即把误差信号沿着原连接路径返回，在返回过程中根据误差信号修改各层神经元的连接权值，使输出误差减小；重复信息正向传播和误差反向传播过程，直至得到所期望的输出结果为止。

上述三层 BP 网络学习过程总结如图 5－5 所示。

Step1：初始化连接权值：给 ω 中各分量分别赋予较小的非零随机数。

Step2：重复以下各步，直到停止条件满足：

Step2.1：逐个提供训练数据(X_k，D_k)。

Step2.2：正向传播过程：对给定的输入数据X_k，计算网络的实际输出Y_k，并与期望输出比较，若存在误差，则进行反向传播；否则，取下一个训练数据。

Step2.3：反向传播过程：从输出层反向计算，逐层更新输出层和隐含层中神经元的连接权值。

输出层神经元：按式（5–22）调整。

隐含层神经元：按式（5–25）调整。

图 5－5　三层 BP 网络学习算法

这里需要指出：第一，网络学习过程需要正向传播和反向传播，一旦网络经过训练之后用于实际计算，则只需正向传播，不需要再进行反向传播；第二，从网络学习的角度看，信息在 BP 网络中的传播是双向的，但从结构上看，网络的层与层之间的连接仅是单向的。综上，BP 网络在结构上仍然是一种不带反馈的前馈型网络。

（四）BP 神经网络的性能分析

1. BP 神经网络的优良性能

BP 神经网络之所以能够成为人工神经网络中应用最为广泛的网络模型，其自身必然具有一些优良性能，归纳标准 BP 神经网络的优良性能主要有以下几种能力。

（1）非线性映射能力：BP神经网络在应用过程中，可以忽视输入数据与输出数据之间的数学映射关系，而直接采用输入——输出这种简单的映射关系。而在实际生活中，许多技术领域经常已经积累了许多输入与输出的数据，但是对于其中的数学关系并不是很清楚，无法用数学方法来解决相应的实际问题，而BP神经网络的出现正好可以弥补这项不足。

（2）数据间采用并行处理：输入和输出信息分别转化为信号，存储在连接神经元之间的权上，存储的信息内容无法由单一的权值表示，这种并行的处理方式以及信息的存储方式，在很大程度上提高了系统的容错性，同时可以提高系统的运算速度。

（3）自我学习能力和自适应能力：BP神经网络进行运算时，可以根据输入数据与输出数据的关系，自动找出其中规律，并记忆在网络的权值中，具有自我学习的能力。

2. BP神经网络的主要缺陷

BP神经网络虽然作为一种有着坚实理论依据和严谨推导过程的网络模型，因其公式优美对称、概念清晰易懂，并且被广泛应用。但是，人们不可避免地会在应用过程中发现，BP神经网络依然存在很多不足，其主要缺陷包括下列几个方面：

（1）难以明确表示网络结构，特别是隐含层的层数以及节点数难以确定；

（2）标准BP算法的运算过程缓慢，需要较长的时间进行训练；

（3）易陷入极小值点这一误区，使得训练过程缓慢，网络无法很好地收敛；

（4）学习过程中振荡现象时有发生，使得网络无法收敛；

（5）学习样本的个数与样本的数量关系影响网络的学习速度。

这些网络自身缺陷会使得BP神经网络在应用过程中受到很多限制，制约着BP神经网络研究与应用的发展。无数学者正在致力于寻找各种改进方法以克服BP神经网络存在的这些缺陷。

二、卷积神经网络

卷积神经网络（CNN）是机器学习中常见的模型结构，在图像分类识别、语义分割、机器翻译等方面取得了良好的效果。

卷积神经网络是受灵长类动物视觉神经机制的启发而设计的一种具有深度学习能力的人工神经网络。卷积神经网络是一种特殊的深层次网络模型，其特殊性主要体现在两个方面：一方面是其相邻两层的神经元之间的连接采用的是局部连接而不是全连接，另一方面是在同一层中的部分神经元的权值是共享的，通过这两种方式，卷积神经网络在很大程度上减少了权值数量，降低了网络模型的复杂度，而且卷积神经网络这样的连接方式与生物神经网络非常相似，在模拟人类视觉方面效果显著，当输入是图像时，卷积神经网络的这个优点表现得会更为明显，因为图像可以直接作为卷积神经网络的输入，有效地避免了传统算法中的特征提取和数据重建过程，提高了算法效率。

（一）卷积神经网络的基本思想

1. 局部连接与权值共享

卷积神经网络的一个特点就是采用局部连接和权值共享来减少了需要训练的参数数目。卷积神经网络在相邻的两层之间采用局部连接来利用图像的局部特征，如图 5-6 所示，每一层的神经元只与其前一层的神经元存在局部连接，例如，第 l 层的神经元只与 l-1 层的神经元的局部区域有连接，第 l 层的感受野的宽度为 3，即第 l 层的每个神经元只与第 l-1 层的 3 个相邻的神经元相连，第 l+1 层与第 l 层的连接也有类似的规则。可以看到 l+1 层的神经元虽然相对于第 l 层的接受域的宽度也为 3，但是其相对于第 l-1 层的接受域却为 5，这种结构将学习到的过滤器限定在局部空间里（因为每个神经元对其感受野之外的神经元不做反应），减少了神经元之间的连接数目，而且，多个这样的层堆叠在一起之后，会使得过滤器逐渐成为全局的，覆盖到更大的区域。

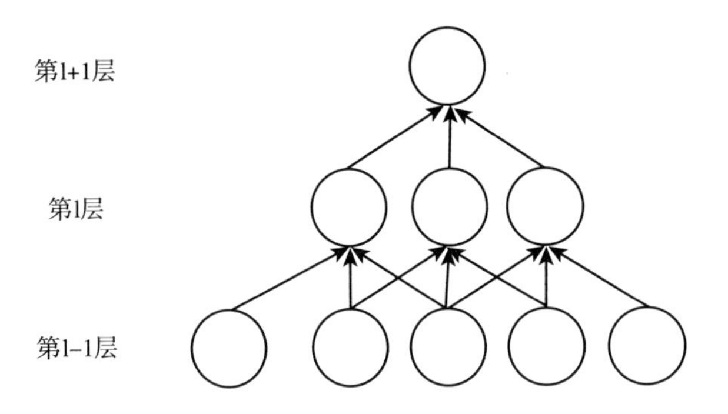

图 5－6　局部连接

权值共享使得共享同一权值的神经元在不同位置检测同一特征，将共享同一权值的神经元组织成一个二维平面，得到特征图（feature map）。如图 5－7 所示。如果是全连接，下图中的连接权值数目应为 3×5，即 15，采用共享权值之后，图 5－7 中的连接权值数目降为了 3 个，降低了 80%，因此采用权值共享可以大大地减少需要训练的参数的数目。从特征提取的角度来说，二维空间上的局部感受也可以从二维图像中提取初级视觉特征，例如，端点、角点和特定角度的边缘等，后续各层可以通过组合这些初级特征得到更高层次，更加抽象的特征。而权值共享使得对于输入中的平移变化，在特征图中，会以同样的方向和距离出现，因此采用权值共享使得卷积神经网络具有平移不变形。

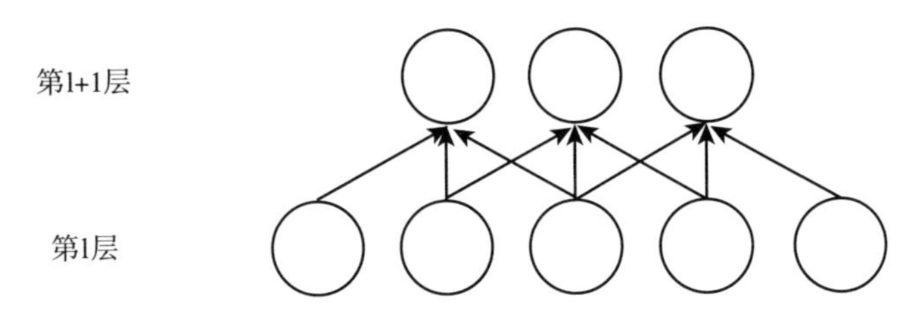

图 5－7　权值共享

卷积神经网络采用局部连接和权值共享，以卷积的方式在输入的每个位置提取输入的局部特征，有效模拟了灵长类动物初级视皮层中的简单细胞。

2. 子采样操作

子采样操作是在水平和竖直方向以步长为 s 对特征图中的所有 w×w 大小的连续子区域进行特征映射，其中，1≤s≤w，一般情况下，s＝w。

映射的过程通常为最大值映射或者是平均值映射，即在 w×w 的子区域中，选取最大值或者计算子区域中的平均值作为映射值。如图 5－8 所示，特征图的大小为 6×6，若按以步长为 2 对特征图中所有大小为 2×2 的连续子区域进行子采样，采样后特征图的大小为(6/2)×(6/2)，即 3×3。通过子采样，减少了神经元的数目，简化了后续网络的复杂度，并且使得神经网络对输入的局部变化有一定的不变性，有效地模拟了灵长类动物视皮层复杂细胞。

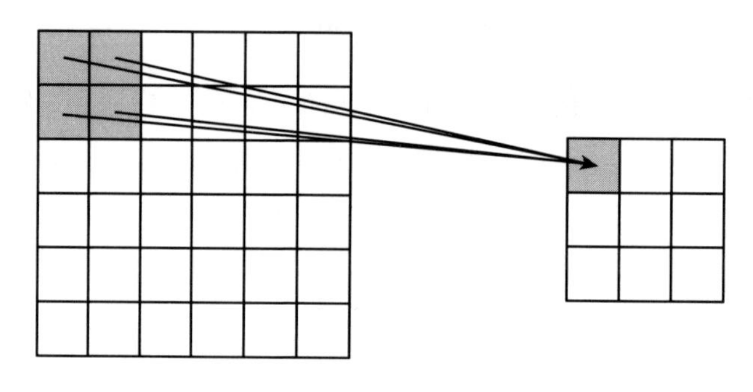

图 5－8　子采样

（二）卷积神经网络结构

传统的卷积神经网络主要是由多层特征提取阶段和分类器组成的单一尺度结构，即输入经过逐层提取特征学习到更高层的特征之后，仅最后一个阶段得到的特征被输入分类器，该层次的特征在输入图像上有相同尺度的感受野。每个特征提取阶段包括卷积层和子采样层，一般情况下，卷积神经网络一共会有 1～3 个特征提取阶段。对于分类器，一般采用一层或两层的全连接人工神经网络作为分类器。

1. 卷积层

卷积层是卷积神经网络的核心组成部分，其具有局部连接和权值共享特征。卷积层同一特征图中的神经元提取前一层特征图中不同位置的局部特征，而对于单一神经元来说，其提取的特征是前一层若干不同的特征图中相同位置的局部特征。卷积层所完成的操作为，前一层的一个或者多个特征图作为输入与一个或者多个卷积核进行卷积操作，产生一个或者多个输出。如图 5－9 所示，一个大小为 5×5 的卷积核与输入特征图进行二维离散卷积操作，输出特征图中的相邻神经元共享大部分的输入特征图中的神经元，以保证输入特征图中的特征区域不会被遗漏。右边输出特征图中的一个神经元是左侧输入特征图中大小为 5×5 的连续子区域与卷积核卷积的结果。该子区域就称为该神经元在输入特征图上的感受野，即右边神经元所能“看”到的区域。常用的卷积操作为，对于一个大小为 $m\times n$ 的特征图，用大小为 $k\times k$ 的卷积核对其进行卷积操作，得到的输出特征图的大小为 $(m-k+1)\times(n-k+1)$。

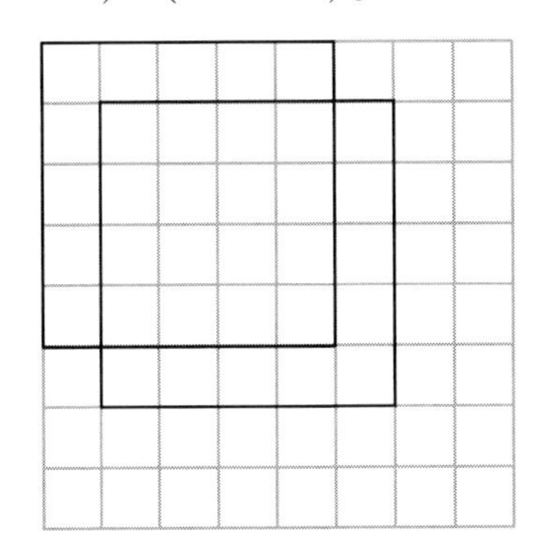

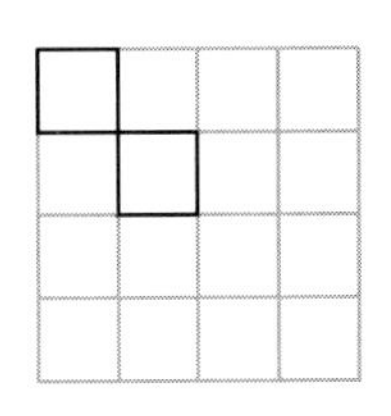

图 5-9　卷积

在卷积操作之后，会在卷积结果上加上一个可训练的参数，称为偏置（bias），到目前为止，所有的操作都只是线性操作，为了使神经网络具有非线性的拟合性能，须要将得到的结果输入一个非线性的激活函数，通过该函数映射后最终得到卷积层的输出特征图。

2. 子采样层

子采样层的作用是对卷积层输出的特征图进行采样，如图 5-10 所示，采样层是以采样区域的大小为步长来进行扫描采样，而不是连续的。采样区域的宽度 w 和高度 h 不一定相等，首先将输入特征图划分为若干个 $w\times h$ 大小的子区域，每个子区域经过子采样之后，对应输出特征图中的一个神经元，神经元的值计算公式如下：

$$O = \left(\sum\sum I(i,j)^{P} \times G(i,j)\right)^{1/P} \tag{5-26}$$

式（5-26）中，I 表示输入特征图，G 表示高斯核，O 表示输出特征图，P 的值在 1 到 ∞ 中选择，当 $P=1$ 时，子采样层执行的是均值采样，将会计算各个子区域中的均值作为子采样结果；当 P→∞ 时，子采样层执行的是最大值采样，将会选取各个子区域中的最大值作为子采样结果。

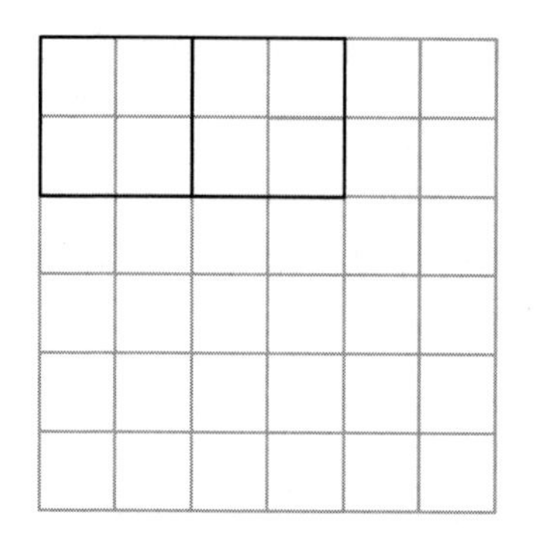
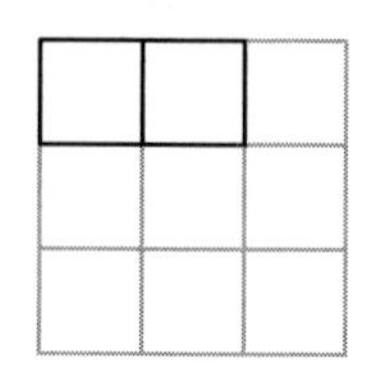

图 5－10 采样

一个大小为 m×n 的输入特征图，经过 w×h 的尺度进行采样之后，得到大小为(m/w)×(n/h)的输出特征图。

3. 分类器

经过卷积神经网络逐层提取到的特征可以输入任何对于权值可微的分类器。这样使得整个卷积神经网络可以采用梯度下降法等基于梯度的算法进行全局训练。常用的分类器有一层或者两层的全连接神经网络、多项式逻辑回归（multinomial logistic regression）分类器及其扩展 Softmax 分类器，甚至是对于权值不可微的分类器，例如支持向量机等。当采用支持向量机作为分类器，采用有监督的训练方法时，一种训练方法是先让特征提取阶段和对权值可微的分类器进行训练，然后保持特征提取阶段各个权值不变，将特征提取阶段得到的特征来训练支持向量机；另一种训练方法是改变神经网络训练时的惩罚函数，然后按照和对权值可微分类器一样的训练方法来进行训练。

一般情况下，如果在没有特别说明的情况下，卷积神经网络的分类器默认为一层或者两层的全连接人工神经网络。

下面详细介绍在卷积神经网络和其他神经网络中都使用比较广泛的 Softmax 分类器和在分类任务中表现优秀的支持向量机。

（1）Softmax 分类器。

Softmax 分类器的原理来源于 Softmax 回归模型，而 Softmax 模型是将

logistic 回归模型推广到多分类问题上得到的，在多分类问题中，数据的类别标签 y 的取值可以不再局限于 2 个，而是 k 个（$k \geqslant 2$），这在多分类问题中是十分有用的。Softmax 分类器属于有监督的分类器，但是很多时候，该分类器也可以和深度学习模型或者是无监督学习模型一起连接使用。

因为 Softmax 回归是 logistic 回归的推广，下面简要介绍一下 logistic 回归。

假设在训练集中我们有 m 个已标记的训练样 $\{(x_1, y_1), (x_2, y_2), \cdots, (x_m, y_m)\}$，其中输入特征 $x^{(i)} \in R^{n+1}$，因为在 logistic 是针对二分类问题，所以类别标签 $y^{(i)} \in \{0, 1\}$。假设函数如下：

$$h_\theta(x) = \frac{1}{1 + \exp(-\theta^T x)} \tag{5-27}$$

我们需要通过训练模型参数 θ，来最小化下面的代价函数。

$$J(\theta) = -\frac{1}{m}\left[\sum_{i=1}^{m} y^{(i)} \log h_\theta(x^{(i)}) + (1 - y^{(i)}) \log(1 - h_\theta(x^{(i)}))\right] \tag{5-28}$$

对于多分类问题，适用于二分类问题的 logistic 回归就不太适用，需要用 logistic 回归的推广——Softmax 回归来考虑，此时类别标签 y 的取值就不再是两个，而是 k 个不同的值。因此，对于训练集 $\{(x_1, y_1), (x_2, y_2), \cdots, (x_m, y_m)\}$，我们有 $y^{(i)} \in \{1, 2, \cdots, k\}$（需要注意的是，此处的类别下标是从 1 开始的，而不是二分类中是从 0 开始的）。

对于给定的测试输入数据 x，需要用假设函数来对于每一个类别（$j = 1, 2, \cdots, k$）估算出概率值 $p(y = j \mid x)$，即估计当 x 作为输入出现时，每一种分类结果出现的概率。因此，假设函数需要输出一个 k 维的向量（各维元素分量和为 1），每一维元素分量代表输入 x 属于该类别的概率。令假设函数采取如下的形式：

$$h_\theta(x_i) = \begin{bmatrix} p(y_i = 1 \mid x_i; \theta) \\ p(y_i = 2 \mid x_i; \theta) \\ \vdots \\ p(y_i = k \mid x_i; \theta) \end{bmatrix} = \frac{1}{\sum_{j=1}^{k} e^{\theta_j^T x_i}} \begin{bmatrix} e^{\theta_1^T x_i} \\ e^{\theta_2^T x_i} \\ \vdots \\ e^{\theta_k^T x_i} \end{bmatrix} \tag{5-29}$$

其中，θ 表示模型的参数，分式 $\sum_{j=1}^{k} e^{\theta_j^T x_i}$ 用来进行归一化操作，确保向量各维元素之和为 1。

在讨论 Softmax 另一个重要的问题，代价函数之前，我们有必要先定义一个示性函数，其取值规则如下：

1 {表达式值为真} =1

1 {表达式值为假} =1

例如，1(1+1=2}，其值为 1，而 1{1+1=1}，其值为 0。

Softmax 分类器的代价函数如下：

$$J(\theta) = -\frac{1}{m}\left[\sum_{i=1}^{m}\sum_{j=1}^{k}\mathbf{1}\{y_i = j\}\log\frac{e^{\theta_l^T x_i}}{\sum_{l=1}^{k} e^{\theta_l^T x_i}}\right] \quad (5-30)$$

上述公式可以看作 logistic 回归代价函数的进一步推广。logistic 回归代价函数可以改为：

$$J(\theta) = -\frac{1}{m}\left[\sum_{i=1}^{m} y^{(i)}\log h_\theta(x^{(i)}) + (1-y^{(i)})\log(1-h_\theta(x^{(i)}))\right]$$

$$= -\frac{1}{m}\left[\sum_{i=1}^{m}\sum_{j=0}^{k} 1\{y^{(i)} = j\}\log p(y^{(i)} = j \mid x^{(i)};\theta)\right]$$

可以发现，在形式上，Softmax 的代价函数和 logistic 代价函数非常相似，区别在于 Softmax 损失函数中对类别标记的 k 个可能值进行了累加。

目前还暂时没有闭式解法来解决 J(θ) 最小化的问题。因此，通常我们会采用迭代优化算法，例如，梯度下降算法。经过求导，得到梯度公式如下：

$$\nabla_{\theta_j} J(\theta) = -\frac{1}{m}\sum_{i=1}^{m}\left[x_i(1\{y_i = j\} - p(y_i = j \mid x_i;\theta))\right] \quad (5-31)$$

需要注意的是，在式（5-31）中，$\nabla_{\theta_j} J(\theta)$ 是一个向量，其第 l 个元素分量 $\frac{\partial J(\theta)}{\partial \theta_{jl}}$ 是 J(θ) 对 θ_j 的第 l 个元素分量的偏导数。

有了计算梯度的公式之后，我们就可以运用梯度下降等算法来最小化 J(θ)。比如，在标准的梯度下降法中，每次循环，都会按照下面的公式来进行更新：

$$\theta_j = \theta_j - \alpha \nabla_{\theta_j} J(\theta) \tag{5-32}$$

其中，$j=1,2,\cdots,k$，k 为类别数目。

（2）支持向量机。

支持向量机是一种有监督的学习方法，与模式识别、计算机视觉有着紧密的联系，已广泛地应用于统计分类以及回归分析。

支持向量机属于线性分类器，其优点是能够同时实现最大化几何边缘区与最小化经验误差，因此支持向量机也被称为最大边缘区分类器。对于一个二分类问题，支持向量机的思路是在正负样本之间通过学习得到一个超平面，使得将两个类别的样本划分到不同的区域的同时，决策平面对于边缘超平面的距离达到最大。支持向量机中的支持向量就是指的那些与决策平面距离最近的训练数据。从支持向量机的最佳化可以推导出一个重要的性质，即支持向量机的决策平面可以被那些支持向量所决定，与其他的训练样本数据无关。这也就是为什么这种方法被称为“支持向量机”的原因。

线性分类器虽然高效简洁，但是，在实际任务中，经常会遇到线性不可分的情况。一个改进的措施是将低维不可分的数据通过一个非线性函数映射到更高维的空间中，使得不同类别的数据可分。但是，这样对于高维数据可能会带来维数灾难的问题。解决这一问题的一个突破性的方案是一种称为核技术（kernel trick）的方法。

核技术是一种使用原数据集计算映射后的空间中的数据集中数据之间相似度的方法。这样在原始数据集中就可计算映射后的数据的相似度，避免了维数灾难，而且采用核函数计算相似度开销更小。

在非线性支持向量机中的核函数必须满足 Mercer 定理，即，

核函数 K 可以表示为：

$$K(u,v) = \phi(u) \cdot \phi(v) \tag{5-33}$$

当且仅当对于任意满足 $\int g(x)^2 dx$ 为有限值的函数 $g(x)$，有：

$$\int K(x,y) g(x) g(y) dxdy \geqslant 0$$

在运用支持向量机对数据进行类别判定时，采用下式进行：

$$f(x) = sng(\sum_{i=1}^{n} a_i y_i K(s_i, x) + b) \tag{5-34}$$

其中，n 为支持向量的个数，a_i 为第 i 个支持向量的权重，y_i 为第 i 个支持向量的类别标签，s_i 为第 i 个支持向量，x 为需要判别其类别的输入数据。

支持向量机原本是为二分类问题设计的分类器，但是在现实世界的问题中，很多问题都是多分类问题，例如，交通标志识别问题。

支持向量机对于 K 分类问题主要有两种处理方法，一种处理方法是将 K 分类问题分解为 K 个二分类问题。对于属于某一类的样本就作为正样本，不属于该类的样本则属于负样本。通过训练这样的一个二元分类器之后就可将属于该类的样本分离出来。另一种处理方法是称为一对一的方法，其一共需要构建 C_K^2 个分类器，最终的分类结果通过类别投票数目最多的确定。

支持向量机的优点在于其可以很好地解决凸优化问题，分类精确度高，但是其速度较慢。

（三）卷积神经网络的训练

1. 卷积神经网络的有监督学习

有监督学习是属于机器学习中的一种学习方法，可以从已标记的训练集样本中学习（infer）到映射函数。在有监督的学习中，每一个训练样本都包括一个输入对象（通常是以向量的形式表示）和一个理想的输出值，该理想输出值也被称为监督信号（supervisory signal）。监督学习算法通过对数据分析，进而学习到一个映射函数，该函数能用于映射新的数据样本。一个理想的情况是，对于新的数据样本，该映射函数能正确地给出其类别标签。

在卷积神经网络中，通常采用有监督的方法直接进行训练，有监督的方法最常用的是基于梯度的方法。一般采用的是批处理随机梯度下降法。为了叙述得简便，下面在介绍卷积神经网络的训练方法时，采用单一样本来进行介绍。

随机梯度下降法主要包括前向传播和反向传播两部分。前向传播主要是依次计算各层的输出值，反向传播主要是依据误差反向依次计算各层权值和偏置的梯度，并在计算完毕后，调整各层的权值和偏置。

前向传播依次计算各层输出值的最终目的在于计算之后的误差，假设分类问题共有 C 个类别，对于样本 n，其误差函数公式如下：

$$J(W,b;x,y)=\frac{1}{2}\sum_{k=1}^{c}(t_k-y_k)^2=\frac{1}{2}\|t-y\|_2^2 \tag{5-35}$$

其中，W，b 分别表示神经网络的权值和偏置，x，y 分别表示训练样本及其对应的标签。t_k 表示对样本 x 的预测值的第 k 维分量，y_k 表示训练样本 x 的标签的第 k 维分量，t 表示训练样本 x 对应的预测值。

在反向传播的时候需要先依次计算出各层的误差项。

假设 $\delta^{(l+1)}$ 是依据上式计算来的第 l+1 层的误差项，该层的权值和偏置参数分别为 W 和 b。

如果 l 层与 l+1 层是全连接的，那么第 l 层的误差项计算公式如下：

$$\delta^{(l)}=((W^{(l)})^T\delta^{(l+1)})\cdot f'(z^{(l)}) \tag{5-36}$$

相对应的梯度计算公式如下：

$$\nabla_{w^{(l)}}J(W,b;x,y)=\delta^{(l+1)}(a^{(l)})^T \tag{5-37}$$

$$\nabla_b(l)J(W,b;x,y)=\delta^{(l+1)} \tag{5-38}$$

如果第 l 层是特征提取阶段，即卷积层和子采样层，那么第 l 层的误差项则通过如下公式计算：

$$\delta_k^{(l)}=\text{upsample}((W_k^{(l)})^T\delta_k^{(l+1)})\cdot f'(z_k^{(l)}) \tag{5-39}$$

其中，k 表示第 k 个卷积核，upsample(·)操作将后一层计算得到的误差 $\delta_k^{(l+1)}$ 通过子采样层传递到前面一层，即卷积层。例如，如果我们采用的是均值采样，upsample(·)将会将误差简单地平均分布到先前执行子采样的子区域，如果采用的是最大值采样，那么执行子采样操作时，被选取为采样值的位置将会得到全部的误差，其他位置置为 0。

最后，在计算梯度时，我们需要和在卷积操作时一样翻转卷积核，计算公式如下：

$$\nabla_{W_k^{(l)}}J(W,b;x,y)=\sum_{i=1}^{m}(a_i^{(l)})*\text{rot90}(\delta_k^{(l+1)},2) \tag{5-40}$$

$$\nabla_{b_k^{(l)}}J(W,b;x,y)=\sum_{a,b}(\delta_k^{(l+1)})_{a,b} \tag{5-41}$$

其中，$a^{(l)}$是第l层的激活值（输出值）。

当反向传播结束后，采用梯度下降法进行权值更新，更新公式如下：

$$\theta = \theta - \partial \nabla_{\theta} J(\theta; x, y) \tag{5-42}$$

其中，θ为需要学习的权值和偏置参数，∂为学习率。

2. 卷积神经网络的无监督学习

与有监督学习相对应的是无监督学习，无监督学习并不要求输入的训练数据带有标签，其主要目的在于从无标签的数据中找到隐藏的、更加抽象的结构。

在模式识别和计算机视觉领域，采用无监督学习算法来提取特征已经有很长时间的应用历史了。无监督学习的方法，如稀疏自动编码机、限制玻尔兹曼机、高斯混合模型、主成分分析和k均值等在计算机视觉领域都有着大量的应用。

可将具体的无监督学习算法看作一个黑盒子，其功能是从数据中学习到可以将输入数据映射为一个新的特征向量的映射关系。

下面介绍一种常用的采用无监督学习算法提取特征的框架。为了简便起见，我们将关注于无监督算法是如何从图像中提取特征的，当然，这个算法框架也适用于其他的应用类型。该框架包括了若干阶段，其中采用的有相似之处。

通过如下步骤去学习特征表示：

（1）从无标签的训练集图片中，随机提取一些小的图片；

（2）对这些小的图片采取一些预处理措施；

（3）通过无监督的算法学习到一个映射函数。

当学习到了特征映射函数之后，我们就可以在有标签的数据集上进行特征提取，然后用来训练分类器：

（1）对于一个输入图像，用上面学习到的特征来与其进行卷积，得到该输入图像的特征；

（2）将上面得到的图像的特征图进行池化（pooling）操作以减少特征的维数；

（3）用第二步得到的特征，结合其原始图片对应的标签一起训练一个线性分类器，之后再给定新的输入时，给出其预测值。以上即是采用无监督学习方法提取特征框架。

卷积神经网络采用上述框架进行逐层无监督学习，有效解决了训练样本不足的问题。

三、径向基神经网络

（一）网络结构

径向基网络是一种前馈型的神经网络，其基本结构与 BP 网络类似，也具有输入层、隐含层及输出层三层结构。隐含层的活化函数为径向基函数（radial basis function，RBF），输出层的活化函数为线性函数，径向基神经网络结构如图 5－11 所示。

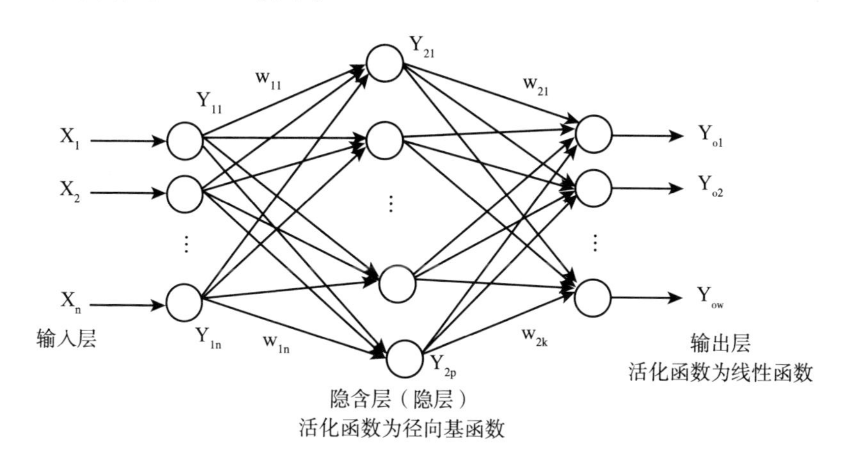

图 5－11　径向基神经网络结构

径向基函数是一种左右对称的钟形函数，除了逆二次函数外，还有高斯函数和反射 Sigmoid 函数，其基本形状如图 5－12 所示。

高斯函数：

$$f_{\phi}(x)=\exp\left(-\frac{x^2}{\sigma^2}\right)$$

反射（Sigmoid）函数：

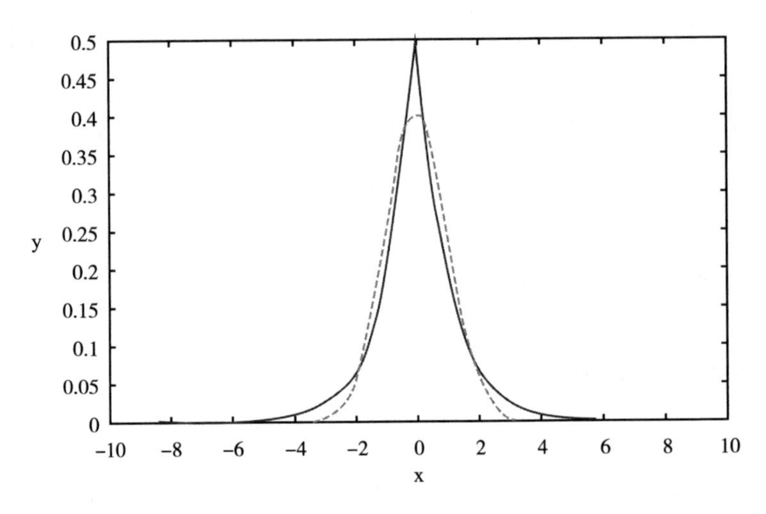

图 5-12　径向基函数

$$f_{\phi}(x)=\left(1+\exp\left(-\frac{x^2}{\sigma^2}\right)\right)^{-1}$$

采用径向基函数作为活化函数，是要模仿生物神经元靠近神经元中心点兴奋而远离中心点抑制的“近兴奋、远抑制”的功能效果。这一点在视神经的功能上体现得尤为突出。

（二）学习方法

根据上述径向基函数网络结构可知，应用 RBF 网络时的两个关键问题是如何确定隐含层神经元的中心向量，以及如何确定各层神经元之间的连接权值。由于隐含层神经元的整合函数为输入向量与中心向量之间的欧氏距离，因此在输入层与隐含层之间不存在连接权值，需要确定的仅为隐含层与输出层之间的连接权值。

1. 隐含层中心向量的学习

各隐含层神经元的中心向量可通过非监督方式，从数据中学习获得。具体方式包括：（1）随机确定，从训练数据中随机选择若干个数据作为中心向量；（2）对训练数据做聚类分析，将聚类中心作为中心向量；（3）基于最后输出结果的误差对中心向量进行选择，使得输出误差最小化，比如正交最小平方（orthogonal least，squares，OLS）学习方法等。

2. 输出层连接权值的学习

隐含层与输出层神经元之间的连接权值一般通过使输出误差最小化的监督学习方法确定。设给定的一组标注训练数据为$\{\mathbf{X}_i, \mathbf{D}_i\}_{i=1}^{N}$，在隐含层神经元的激活函数形式和中心向量确定以后，根据输入可得到唯一的隐含层输出向量，设隐含层输出向量集合为$\{\mathbf{A}_i\}_{i=1}^{N}$，则对于输出层神经元而言，其标注后的训练数据集合为$\{\mathbf{A}_i, \mathbf{D}_i\}_{i=1}^{N}$。输出层各神经元如果采用Adaline 神经元，则隐含层与输出层神经元之间的连接权值可采用 LMS 算法从训练数据集合$\{\mathbf{A}_i, \mathbf{D}_i\}_{i=1}^{N}$中学习得到。

第三节　反馈神经网络

如前文所述，反馈神经网络是结构上包含信息回路的神经网络。本章节主要介绍霍普菲尔网络、LSTM 网络、双向反馈网络等反馈神经网络。

一、霍普菲尔网络

霍普菲尔德网络是由美国物理学家霍普菲尔德（Hopfield，1982）提出的一种稳定型反馈网络模型，其核心思想是通过能量函数来实现网络的稳定性，将网络状态值与能量函数对应起来，能量函数的最小值即对应着网络的稳定输出，进而通过设计合适的有界能量函数使其值能保证随着网络状态的变化而始终下降，从而实现了网络的稳定性。同时，到达稳定时的网络状态即是需要求解的结果。

（一）网络结构

霍普菲尔德网络是全连接网络，其形式如图 5－13 所示，其中图 5－13（a）为基本形式，图 5－13（b）则是对应的模拟电路实现方式。霍普菲尔德网络中任意两个神经元之间均有连接，即每个神经元接受从其他任意一个神经元输出的信号，同时也将其输出反馈至任意神经元。另外，每个神经元还可有一个外部输入信号。外部输入信号对于反馈网络来说是可选的，非必需的，霍普菲尔德网络也可以在没有任何输入信号的情况下开展工作。

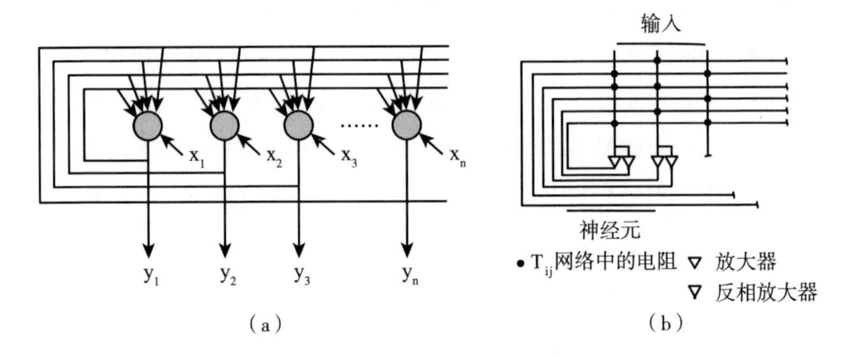

图 5－13 霍普菲尔德网络结构

每个神经元的整合函数通常采用加权求和型函数，激活函数可采用阈值型或 S 形函数等。对于模拟霍普菲尔德网络来说，函数形式以及边的权值均以电路形式表达。

（二）网络工作原理与稳定性

霍普菲尔德网络利用网络状态的变化来达到所需要的计算目标，这种变化过程存在两种不同的模式。一种是让网络中的多个神经元甚至所有神经元同时变化其输出值，这种模式称为并行（synchronous）工作模式；另一种是每次只有一个神经元更新其输出值，这种模式称为串行（asynchronous）工作模式。

不论是并行模式还是串行模式，网络状态均存在随时间不断变化的现象，如果这种变化不能得到停止，即网络状态不能稳定在某个不变的状态上，则这样的霍普菲尔德网络显然是没有意义的，不能获得所需要的计算结果的。因此，为了使霍普菲尔德网络能够按上述工作过程实现计算目标，就需要考虑网络状态在经过一定时间的变化后能否稳定在某个不变的状态上的问题，即网络稳定性问题。

具有稳定状态，并且能够从任意初始状态收敛至稳定状态，是应用霍普菲尔德网络解决问题的基础。在此基础之上，霍普菲尔德网络的运行算法如图 5－14 所示。

Step1：向网络中输入数据（当有输入时）；
Step2：从起始状态开始，重复以下步骤，直至网络达到稳定状态。
Step2.1：随机选择一个神经元（串行模式）或一组神经元（并行模式）；
Step2.2：按照神经元的整合函数和激活函数，更新所选中的神经元的输出值。

图 5－14 霍普菲尔德网络运行算法

（三）能量函数与网络稳定性分析

根据上述工作原理，如何分析霍普菲尔德网络的稳定性，以及如何进行网络设计以保证其稳定性，是霍普菲尔德网络中的关键问题，这一问题通过引入李雅普诺夫能量函数（Lyapunov energy function）得到解决。

李雅普诺夫能量函数来源于李雅普诺夫定理（Lyapunov theory），该定理说明：对于一个非线性动力系统，如果能找到一个以系统状态为自变量的连续可微的能量函数，该函数值能随着时间的推移不断减小，直到平衡状态为止，则系统是稳定的。相应能量函数称为利亚普诺夫能量函数。这样，对于霍普菲尔德网络的设计与应用来说，主要就是确定合适的能量函数的问题。

设 ω_{ij} 表示霍普菲尔德网络中第 i 个神经元与第 j 个神经元的连接权值，I_i 表示霍普菲尔德网络中第 i 个神经元的输入信号，$s_i(t)$ 表示 t 时刻时霍普菲尔德网络中第 i 个神经元的输出值，$\xi_i(t)$ 表示 t 时刻时第 i 个神经元对所有输入（包括输入信号和循环信号）的整合结果。

如果霍普菲尔德网络的权值矩阵是对称矩阵并且对角元素为零，即：

$$\omega_{ij}=\begin{cases}\omega_{ji}, i\neq j\\ 0, i=j\end{cases} \tag{5－43}$$

则不论采用阈值型激活函数还是 S 型激活函数，霍普菲尔德网络都是稳定的，下面分析其原因。

（1）对于阈值型激活函数，有：

$$s_i(t+1)=\begin{cases}1, & \xi_i(t+1)\geq\theta_i \\ -1 \text{ or } 0, & \xi_i(t+1)<\theta_i\end{cases} \tag{5-44}$$

$$\xi_i(t+1)=\sum_{j=0}^{n}\omega_{ij}s_j(t)+I_i \tag{5-45}$$

按此激活函数构造的网络具有离散、随机变化特性，因此也称为离散霍普菲尔德网络，相应能量函数被设计为：

$$E=-\frac{1}{2}\sum_{i=0}^{n}\sum_{j=0}^{n}\omega_{ij}s_is_j-\sum_{i=1}^{n}I_is_i+\sum_{i=1}^{n}\theta_is_i \tag{5-46}$$

当没有外部输入信号时，该能量函数简化为：

$$E=-\frac{1}{2}\sum_{i=0}^{n}\sum_{j=0}^{n}\omega_{ij}s_is_j=-\frac{1}{2}\mathbf{S}^{T}\boldsymbol{\omega}\mathbf{S} \tag{5-47}$$

根据式（5-47），在权值满足式（5-43）的条件下，E 值随第 i 个节点状态变化而变化的公式为：

$$\Delta E=-\left(\sum_{j\neq i}\omega_{ij}s_j+I_i-\theta_i\right)\Delta s_i \tag{5-48}$$

再根据式（5-44）和式（5-45），$\sum_{j\neq i}\omega_{ij}s_j+I_i-\theta_i$ 与 Δs_i 符号应相同，同为正或同为负，因此 ΔE 将始终为负，同时 E 是有界的，这样能量函数值将随着网络状态的变化不断减小并最终达到最小值，满足李雅普诺夫定理的收敛条件，因此相应的霍普菲尔德网络是稳定的，从任意给定的初始状态出发，都能收敛至某一稳定状态。

（2）对于 S 型激活函数且采用模拟电路构建网络，图 5-15 显示了单个神经元的输出与输入之间的函数关系，其中 $g(\cdot)$ 代表输入到输出的函数，其反函数 $g^{-1}(\cdot)$ 则表达了输出到输入的关系。

按图 5-15 所示激活函数所构造的网络称为连续霍普菲尔德网络或模拟霍普菲尔德网络，其能量函数被设计为：

$$E=-\frac{1}{2}\sum_{i=0}^{n}\sum_{j=0}^{n}\omega_{ij}s_is_j+\sum_{i=1}^{n}\frac{1}{R_i}\int_0^{s_i}g_i^{-1}(s)\,ds+\sum_{i=1}^{n}\theta_is_i \tag{5-49}$$

$1/R_i=1/\rho_i+\sum_{j=1}^{n}\omega_{ij}$（$\rho_i$ 为第 i 个放大器的输入电阻）

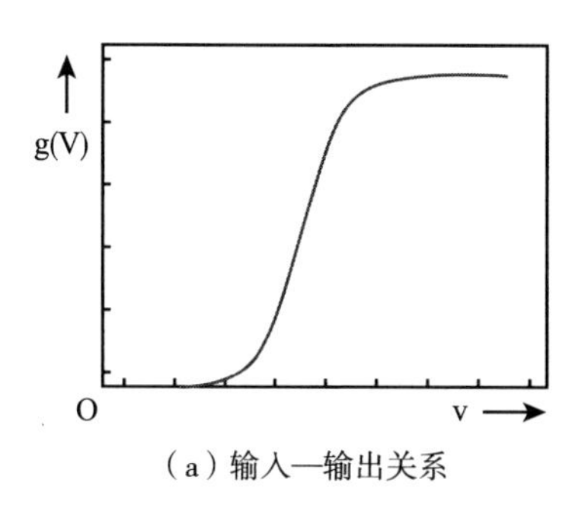

(a) 输入—输出关系

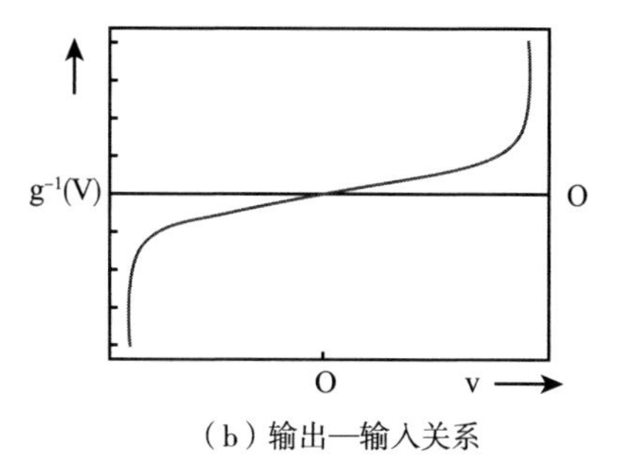

(b) 输出—输入关系

图 5-15　模拟霍普菲尔德网络神经元输入与输出之间的函数关系

在网络权值满足式（5-43）的前提下，该能量函数关于时间的导数为：

$$
\begin{aligned}
dE/dt &= -\sum_i (ds_i/dt)\left(\sum_j \omega_{ij}s_j - \xi_i/R_i + I_i\right) \\
&= -\sum_i (ds_i/dt)C_i(dg_i^{-1}(s_i)/dt) \\
&= -\sum_i C_i g_i^{-1'}(s_i)\ (ds_i/dt)^2 \qquad (5-50)
\end{aligned}
$$

式（5-50）中，每一项均非（C_i 为输入电容值，非负；$g^{-1}(\cdot)$如图 5-10（b）所示为单调递增函数，其导数值应非负），于是有 $dE/dt \leqslant 0$。若 $dE/dt=0$，则所有的 $ds_i/dt=0$。E 是有界的。综合上述因素可知：网络能量函数将随时间下降至极小值，因此网络是稳定的。

式（5-43）给出了霍普菲尔德网络稳定的充分条件，为设计和分析霍普菲尔德网络提供了依据。但需要指出的是，这一条件只是系统稳定的充分条件，而不是必要条件，满足式（5-43）的霍普菲尔德网络一定是稳定的，但不满足这一条件的霍普菲尔德网络不一定是不稳定的，可能存在很多稳定而并不满足这一条件的霍普菲尔德网络。

（四）联想记忆

霍普菲尔德网络能从初始状态运行到稳定状态，因此可以应用霍普菲尔德网络实现联想记忆（associative memory），也称为内容可寻址存储器（content addressable memory，CRM）。这种联想记忆能力具有容错特性，在输入模式存在变化、残缺或有噪声的情况下，仍能恢复出原来存储的稳定状态。数字网络和模拟网络均可实现联想记忆。

在用于联想记忆的霍普菲尔德网络中，输入样本是需要记忆的内容。这些有待记忆的数据为二值向量，向量中每个分量在两个状态间取值，对应于网络中的一个神经元（对于模拟网络来说，需要离散化获得二值输出）。首先用外积法（out - product）确定网络连接权值，使得各输入样本成为网络的稳定状态。

设需要记忆的数据集合为$\{\mathbf{X}_k\}_{k=1}^{K}$，其中每个数据向量的维数为 n, k = $\{x_{ik}\}_{i=1}^{n}$，则记忆这些数据的霍普菲尔德网络由 n 个神经元组成，神经元之间的权值用外积法确定为：

$$\omega_{ij} = \begin{cases} \sum_{k=1}^{K} x_{ik} x_{jk}, i \neq j \\ 0, i = j \end{cases}, i = 1,2,\cdots,n; j = 1,2,\cdots,n \qquad (5-51)$$

设 **I** 为 n × n 单位矩阵，则上式可表示为：

$$\omega = \sum_{k=1}^{K} \mathbf{X}_k \mathbf{X}_k^{T} - K\mathbf{I} \qquad (5-52)$$

显然，通过外积法确定的连接权值矩阵是对称的，且对角元素为零，满足式（5 - 43）所定义的霍普菲尔德网络稳定性条件。

权值确定以后，从任意初始状态开始，网络按照图 5 - 10 中的算法所述过程开始运行，逐渐收敛至与该初始状态对应的稳定状态，即得到所记忆的数据，从而表现出联想记忆能力。事实上，每个被记忆的数据对应于能量函数的一个局部极小值。能量函数有多少个局部极小值，就能存储多少内容，这称为网络容量问题。

（五）优化计算

当霍普菲尔德网络收敛到稳定状态时，其能量函数值达到最小，这使得霍普菲尔德网络具备了实现优化计算的能力。如果能将一个优化问题的目标函数转变为霍普菲尔德网络的能量函数，则可以应用霍普菲尔德网络求解该优化问题。相应的处理过程是：将待求解的目标函数转化为与之一致的霍普菲尔德网络能量函数形式，进而根据相应能量函数，设定网络连接权值和输入信号，从而构成网络。对于所构成的网络，随机产生网络初始状态，从该状态开始，使网络状态按图 5 - 10 中的算法所示霍普菲尔德网络工作机制不断变化，直到能量函数不能再下降为止，此时的网络状态对应于目标问题的解。

下面以著名的旅行商问题（travel salesman problem，TSP）为例，说明如何应用霍普菲尔德网络实现优化计算。TSP 问题是组合优化中经典的 NP 难问题，如果能解决该问题，则说明相应方法可有效解决一大类组合优化问题，因此 TSP 问题常常用于验证优化算法的效果与性能。下面尝试应用霍普菲尔德网络来解决该问题。

【TSP 问题】假设一名旅行推销员要去各城市旅行推销产品，如果推销员从某城市出发，访问各城市一次，最后回到出发的城市，则该推销员应该怎样选择旅行路线，以使总的旅行路程最短。设 $\mathbf{C}=\{c_1,\cdots,c_n\}$ 表示城市集合，$d_{ij}=d(c_i,c_j),i=1,2,\cdots,n,j=1,2,\cdots,n$ 表示任意两个城市之间的距离，$T:c^{(1)}\rightarrow c^{(2)}\cdots c^{(n)}\rightarrow c^{(1)}$ 表示任意一条旅行线路，则 TSP 问题的求解目标可表述为：

$$T^*=\arg\min_{T}\sum_{k=1}^{n}d(c^{(k)},c^{(k+1)}),c^{(n+1)}=c^{(1)} \tag{5-53}$$

可以应用具有 $n\times n$ 个神经元的霍普菲尔德网络求解上述 TSP 问题。该网络神经元排列形式如图 5 - 16 所示，其中行对应城市，列对应访问次序。当第 x 行第 j 列神经元状态为兴奋（其值等于 1）时，表示在行程的第 j 步时，旅行商访问了第 x 个城市 c_x；其状态为抑制（其值等于 0）时，表示旅行商在行程的第 j 步时没有访问第 x 个城市。按这样的表示方法，当网络中各行各列神经元有且仅有一个处于兴奋状态时，逐行取出与兴奋神经元对应的城市，并按从上到下的顺序排列，即得到 TSP 问题的一个可行解。

下面针对 TSP 问题，确定图 5 - 16 所示霍普菲尔德网络的能量函数，进而得到网络中的连接权值和输入信号，从而完成网络构建。

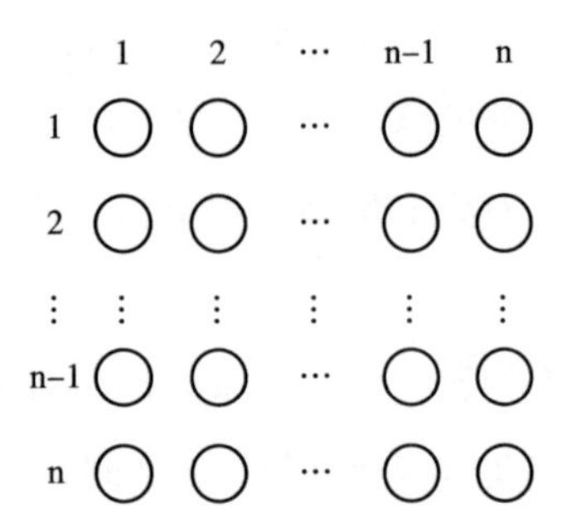

图 5 -16　求解 TSP 问题的霍普菲尔德网络神经元排列

根据图 5 -16 所示网络，设 x,y 代表行数（第几座城市），i,j 代表列数（第几步），则旅行商的旅行总路程可以表示为：

$$E_1 = \frac{1}{2}\sum_{i=1}^{n}\sum_{x=1}^{n}\sum_{y=1}^{n} s_{xi} d_{xy} (s_{y,i-1} + s_{y,i+1}) \tag{5-54}$$

于是，TSP 问题可以表述为：在保证网络中各行各列神经元有且仅有一个处于兴奋状态的条件下使上式定义的 E_1 最小。将这一表述中“网络中各行各列神经元有且仅有一个处于兴奋状态”的约束条件用一组函数表达，即：

$$E_2 = \frac{1}{2}\sum_{x=1}^{n}\sum_{i=1}^{n}\sum_{j=1}^{n} s_{xi} s_{xj} \tag{5-55}$$

$$E_3 = \frac{1}{2}\sum_{i=1}^{n}\sum_{x=1}^{n}\sum_{y=1}^{n} s_{xi} s_{yi} \tag{5-56}$$

$$E_4 = \frac{1}{2}\left(\sum_{x=1}^{n}\sum_{i=1}^{n} s_{xi} - n\right)^2 \tag{5-57}$$

如果同时使以上三个值最小，则式（5 -55）保证了每一行中至多只有一个神经元处于兴奋状态，式（5 -56）保证了每一列中至多只有一个神经元处于兴奋状态，式（5 -57）保证了网络中正好有 n 个神经元处于兴奋状态，综合起来就满足了“网络中各行各列神经元有且仅有一个处于兴奋状态”的约束条件。

式（5 -54）~式（5 -57）所表达的为约束优化问题，可采用拉格朗日方法求解，即将这 4 个公式加权组合在一起，便得到待优化目标函数（其中约束条件对应的权重值应该足够大，以保证在用无约束优化方法求解时得到符合约束条件的计算结果），即：

$$E = \frac{\lambda_1}{2}\sum_{i=1}^{n}\sum_{x=1}^{n}\sum_{y=1}^{n} s_{xi} d_{ij}(s_{y,i-1} + s_{y,i+1}) + \frac{\lambda_2}{2}\sum_{x=1}^{n}\sum_{i=1}^{n}\sum_{j=1}^{n} s_{xi}s_{xj} + \frac{\lambda_3}{2}\sum_{i=1}^{n}\sum_{x=1}^{n}\sum_{y=1}^{n} s_{xi}s_{yi} + \frac{\lambda_4}{2}\left(\sum_{i=1}^{n}\sum_{x=1}^{n} s_{xi} - n\right)^2 \quad (5-58)$$

为了构造霍普菲尔德网络以求解式（5－58）所定义的优化问题，将其转换为符合霍普菲尔德网络能量函数的形式，即：

$$E = -\frac{1}{2}\sum_{x=1}^{n}\sum_{i=1}^{n}\sum_{y=1}^{n}\sum_{j=1}^{n} s_{xi}\omega_{xi,ji}s_{yj} - \frac{1}{2}\sum_{x=1}^{n}\sum_{i=1}^{n} I_{xi}s_{xi} \quad (5-59)$$

$$\omega_{xi,yj} = -\lambda_1 d_{xy}(\delta_{i,j+1} + \delta_{i,j-1}) - \lambda_2\delta_{xy}(1-\delta_{xy}) - \lambda_3\delta_{ij}(1-\delta_{xy}) - \lambda_4(1-\delta_{ij})(1-\delta_{xy}) \quad (5-60)$$

$$\delta_{xy} = \begin{cases}1, x=y\\0, x\neq y\end{cases}, \delta_{ij} = \begin{cases}1, i=j\\0, i\neq j\end{cases} \quad (5-61)$$

$$I_{xi} = \lambda_4 n \quad (5-62)$$

根据式（5－60）～式（5－62），就可以确定求解 TSP 问题的霍普菲尔德网络的连接权值 $\boldsymbol{\omega}_{xi,yj}$和输入信号 I_{xi}，从而构造好了相应网络。

求解时，首先给该网络随机提供一个初始状态（初始解），然后使网络按照图 5－14 中的算法所述过程开始运行，逐渐收敛至稳定状态。由于能量函数在稳定状态下达到极小，因此网络的稳定状态对应于 TSP 问题的解。在稳定状态下，取出各行中处于兴奋状态的神经元所代表的城市，并按照从上到下的顺序进行排列，便得到了 TSP 问题的解。

图 5－17 给出了一个按照构造好的霍普菲尔德网络来寻优的计算过程的例子，其中展示的待求解问题是一个 4 个城市 TSP 问题。对于该问题，采用图 5－16 所示方式表达问题的解，其中黑色和白色分别代表相应节点处于兴奋/抑制状态。随机生成一个解（网络状态），其能量函数为 35600。从该状态开始，按异步模式进行网络状态的变化，每次改变一个节点的状态，计算该状态对应的能量函数值。如果其值相比之前的值有所下降，则接受其改变，否则再改变另一个节点的状态，直到能量函数值下降。如图 5－17 所示，在进行第 3 次状态改变尝试时，通过改变第 3 行第 1 列节点的状态，能量函数下降到了－30500，则接受该改变。对于第 1 次和第 2

次尝试，由于没能导致能量函数下降，因此不发生节点状态的变化。类似地，在第 4 次状态改变尝试时，通过改变第 4 行第 1 列节点的状态，能量函数下降到了 -85800。这样的过程持续进行，直到改变任何节点的状态均不能使能量函数下降为止，如图 5 - 17 所示，此时已经找到了该问题的解：城市 1→城市 3→城市 4→城市 2→城市 1。

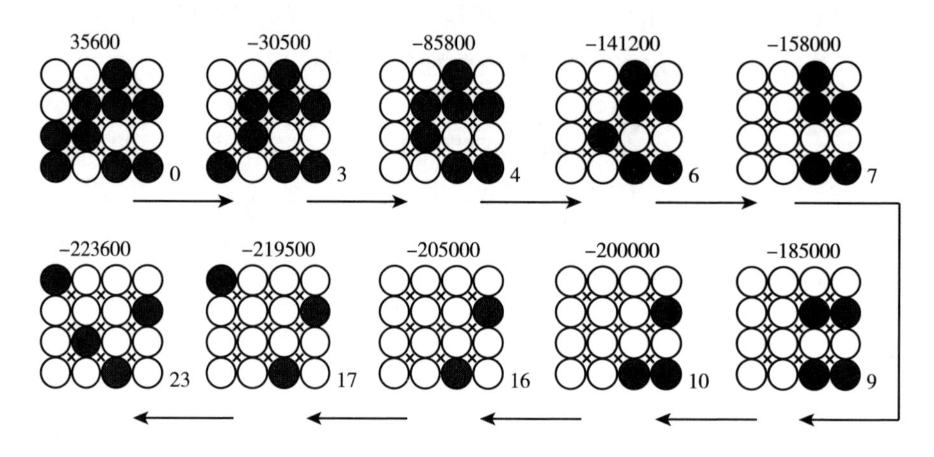

图 5 - 17　霍普菲尔德网络求解 TSP 过程示例

二、LSTM 网络

（一）记忆神经元

图 5 - 18 显示了目前常用的一种记忆神经元。记忆神经元由内部状态（internal state）、输入节点（input node）、输入门（input gate）、遗忘门（forget gate）、输出门（output gate）组成。如图所示，分别对应于图中的“中间带对角线的节点”“底部对应于 $g_c^{(t)}$ 符号的节点”“右侧下部对应于 $i_c^{(t)}$ 符号的节点”“左侧对应于 $f_c^{(t)}$ 符号的节点”“右侧上部对应于 $o_c^{(t)}$ 符号的节点”。此外，图 5 - 18 中连乘符号对应的节点均表示做连乘运算。正是这种连乘运算带来了所谓“门”的意义，即如果“门”节点的输出为 0，则连乘后的结果也为 0，从而起到了开关的作用。下面分别说明各部分的作用和意义。

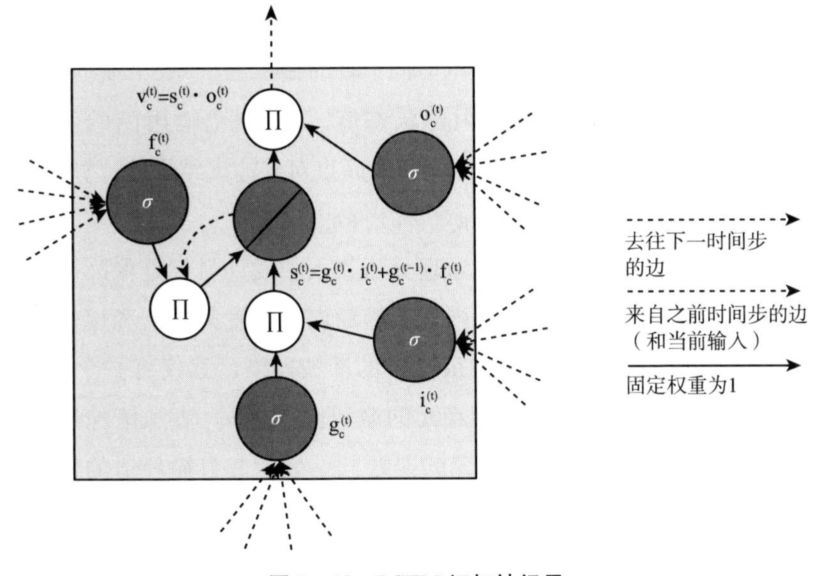

图 5-18　LSTM 记忆神经元

（1）内部状态是记忆神经元的核心，其关键特点是采用线性激活函数和有一条自循环边（权值固定为 1），使得网络误差可以随时序传递而不会出现消失或爆炸现象，该节点也因此称为常量误差传送带（constant error carousel）。

（2）输入节点用于接收从前一层（输入层）神经元来的信号以及前一时间点发来的循环信号。采用加权求和型整合函数与 S 型激活函数。

（3）输入门与输入节点的计算一样，均是接收从前一层（输入层）神经元来的信号以及前一时间点发来的循环信号。采用加权求和型整合函数与 S 型激活函数。输入门的输出通过连乘节点与输入节点的输出进行连乘，起到了对输入单元计算结果进行开关的作用。

（4）遗忘门用来消除前一时刻内部状态值的作用，其通过接收从前一层（输入层）神经元来的信号以及前一时间点发来的反馈信号，采用加权求和型整合函数与 S 型激活函数获得输出值后，再与前一时间点的内部状态值连乘，起到了对前一时间点的内部状态进行开关的作用，当该门的值为 0 时，前一时间点的内部状态不对后面结果产生影响，因此具有选择遗忘的特性，或者说具有对内容状态进行重置的作用。

（5）输出门用来对内部状态的输出再做最后的调节，其计算方式和工作原理与上面的诸种“门”是一样的。

综合以上各部分，设 $g_c^{(t)}$ 表示时间 t 时的输入，$i_c^{(t)}$ 表示输入门的值，$f_c^{(t)}$ 表示遗忘门的值，$s_c^{(t)}$ 表示内部状态值，$o_c^{(t)}$ 表示输出门的值，则如图 5－18 中所示，整个记忆神经元某一时间点对外输出结果的计算公式是：

$$v_c^{(t)} = o_c^{(t)} \cdot (g_c^{(t)} \cdot i_c^{(t)} + s_c^{(t-1)} \cdot f_c^{(t)}) \qquad (5-63)$$

上述记忆神经元如此设计的原理分析如下：设计目标是保障网络误差在传递过程中能够保持不变，这样就能避免误差梯度的消失和爆炸。为了实现这样的目标，首先想象一种最简单的反馈网络，其仅有一个神经元 j 和一条自循环边。设 f_j 表示该神经元的激活函数，net_j 表示该神经元的整合函数，e_j 表示第 t 时刻时神经元的误差，ω_{jj} 表示其自循环边的权值，则相邻时间点之间的误差传递公式为：

$$e_j(t) = f_j'(net_j(t))e_j(t+1)\omega_{ij} \qquad (5-64)$$

由此可知，如果要使得该误差能够在不同时间点上保持不变，则应有：

$$f_j'(net_j(t))\omega_{jj} = 1.0 \qquad (5-65)$$

由式（5－65）可得 $f_j'(net_j(t)) = 1.0/\omega_{jj}$，于是利用积分规则，有 $f_j(net_j(t)) = net_j(t)/\omega_{jj}$，同时该神经元只有一条自循环边，而没有别的输入，因此有$net_j(t+1) = \omega_{jj}y_j(t)$，于是有：

$$y_j(t+1) = f_j(net_j(t+1)) = f_j(\omega_{jj}y_j(t)) = y_j(t) \qquad (5-66)$$

要满足 $f_j(\omega_{jj}y_j(t)) = y_j(t)$，可令神经元的激活函数为线性函数（即 $f_j(x) = x$），并令其循环权值为 $1(\omega_{jj} = 1)$，这样我们就得到了上述记忆神经元的核心，即采用线性激活函数且循环权值为 1 的神经元来作为内部状态节点。

但以上分析仅涉及一个神经元，如果想将多个这样的神经元互联起来构造网络，则还需解决输入权重和输出权重的冲突问题。一是考虑输入权重冲突问题，假设现在增加一个节点 i，其输出连接至上面节点 j 的输入上，相应边的权值为 ω_{ji} 再假设通过使节点 j 处于兴奋状态并长时间保持，可使网络误差下降，在这种情况下，由于 j 为线性输出（输出等于输入），因此 ω_{ji} 在不同时刻将得到相互冲突的权值更新信号：一方面要保持输入，以使得 j 处于兴奋状态；另一方面又要阻止输入，以避免无关输入导致 j 改变为抑制状态，这就引起了输入权重冲突问题。二是考虑输出权重冲突问题，假设现在增加一个节点 k，其输入连接至上面节点 j 的输出上，此时站在 k 的角度，同样会出现上面所述的输入权值冲突问题，反过来对于 j 来说，就是输出权值冲突问题。

LSTM 记忆单元中的输入门和输出门设计正是用来解决输入权重冲突和输出权重冲突问题的。输入门使得记忆单元中内部节点存储的内容不受无关输入的影响；输出门则使得记忆单元中内部节点存储的内容不对其他与其无关的神经元产生影响。这种作用通过在训练数据上进行学习来获得，即通过学习获得输入门与输出门的相应权值。

早期 LSTM 网络的记忆单元实际只有内部节点、输入节点、输入门和输出门，遗忘门则是为了进一步改进其问题而提出的。在没有遗忘门的情况下，可认为式（5－63）中的 $f_c^{(t)} \equiv 1$，此时内部状态节点的值将随着时间序列的推进不断线性增长，且没有界限。这样将在某个时间点引起输出结果值趋于饱和不再变化，由此带来两个问题：①输出结果的导数消失，阻止了后续误差的计算；②整个记忆单元的输出将只由输出门的激活值决定，这样记忆单元实际退化成为通常的 BPTT 单元。在引入遗忘门后，通过遗忘门的作用，当记忆单元的内部状态节点所记忆的内容已经过时和不再有用时，可以得到重置，重新从新的输入值开始。

以上记忆单元的组成部分还可灵活组合，比如组合多个内部状态，这些内部状态共用一个输入门、一个输出门和一个遗忘门，即这些门节点同时连接到这多个内部状态节点上，从而形成所谓的记忆单元块（memory cell block），以块的形式作为一个整体工作。图 5－19 显示了两个记忆单元块，各由 1 个输入门、1 个输出门、2 个内部状态构成。

（二）自然语言翻译

舒茨科沃等（Sutskever I et al.，2014）使用两个 LSTM 网络在英语与法语之间进行翻译，取得较好的效果。第一个 LSTM 用于对源语言的输入语句进行编码，第二个 LSTM 用于解码得到目标语言对应的输出语句，总体上起到了将一个输入序列转变成另一个输出序列的效果。输入序列采用特殊符号“EOS”表示序列的结束，以处理任意长度的序列。图 5－20 显示了相应的翻译过程。

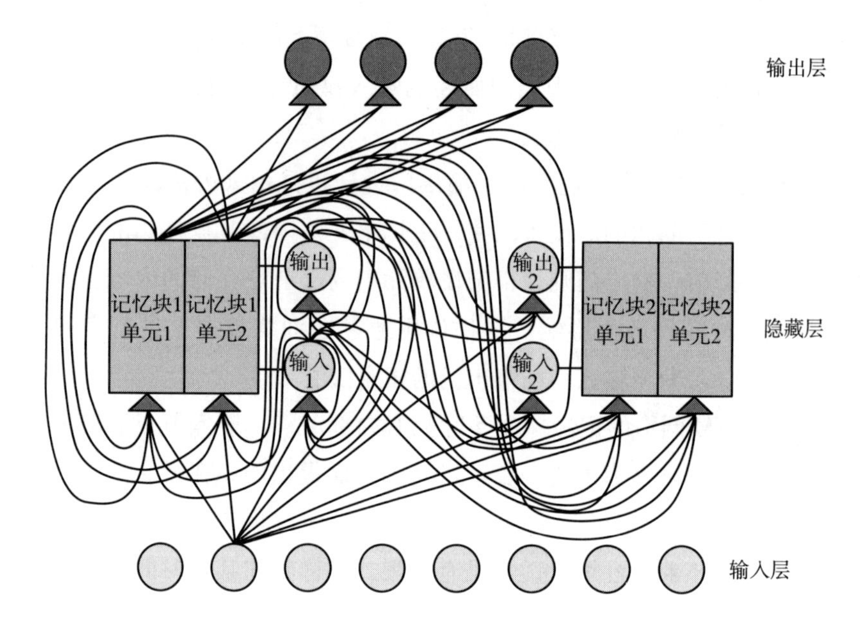

图 5 – 19　记忆单元块示例

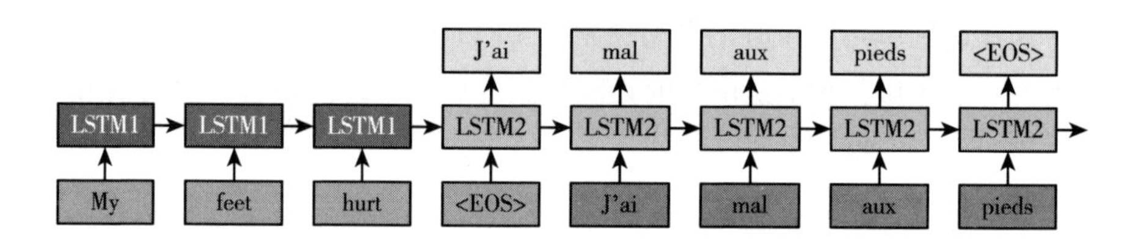

图 5 – 20　基于 LSTM 的语言翻译示例（英 – 法翻译）

如图 5 – 20 所示，LSTM1 为编码器，用于接收输入语句，产生一个固定长度的向量。LSTM2 为解码器，接收 LSTM1 输出的固定长度向量，产生相应翻译结果。这里，实际上只有两个 LSTM，图中所示的多个 LSTM1 和 LSTM2 是按时序展开的情况，每个单词对应于一个时间点。对于 LSTM1 来说，每输入一个单词进行相应计算，在其最后一层隐含层产生固定长度向量，作为该隐含层的状态。当输入 EOS 后，表示输入向量结束，此时将 LSTM1 最后一层隐含层的固定长度向量作为 LSTM2 的第一层隐含层节点的状态，根据输入 EOS 产生输出，再以当前输出作为下一个时间点的输入产生新的输出，如此不断进行，直到最后输出 EOS，表示翻译结束。这一过程实际上是在计算将输入序列转换成输出序列的概率 $p(y_1,\cdots,y_T{'}\mid x_1,\cdots,$

x_T)，而根据上述原理，其计算公式是：

$$p(y_1,\cdots,y_{T''}\mid x_1,\cdots,x_T)=\prod_{t=1}^{T}p(y_t\mid \mathbf{v},y_1,\cdots,y_{t-1}) \qquad (5-67)$$

式（5－67）中：**v** 为通过第一个 LSTM 从输入序列得到的固定长度向量。这一公式表明，在第二个 LSTM 中，每个时刻根据 v 和前面已有的输出序列产生当前时刻的输出。

对于上述翻译网络的学习，其学习目标是试图使得对于给定的输入序列，翻译网络产生正确输出序列的概率最大化。设 S 表示训练数据集合，即由输入序列 S 和对应输出序列 T 所构成的数据集合，则学习目标是使得以下值最大化，即：

$$1/|S|\sum_{(T,S)\in S}\log p(T\mid S)$$

在这一学习目标下，通过 BPTT 算法学习得到翻译网络的参数后，则翻译结果是根据该翻译网络所获得的具有最大可能性的结果，即：

$$T^*=\arg\max_{T}p(T\mid S) \qquad (5-68)$$

按式（5－68）所进行的对最优翻译的搜索，是在 LSTM2 中随时序逐渐展开的，即输出序列逐渐从部分到完全。如果在每个时序均考虑所有可能的单词，则搜索空间太大。为了提高搜索效率，可以考虑束搜索（beam search）策略，在每个时刻计算结束后，只保留若干具有最大可能性的候选的部分序列。

以上 LSTM2 网络结构如图 5－21 所示，其中每个隐含层单元为 LSTM 记忆神经元。LSTM1 网络与 LSTM2 网络基本相同，只是没有输出层。根据该结构可知对于每个时刻的输入 x_t，各个隐含层的输出为：

$$h_t^1=f_h(W_{ih^1}x_t+W_{h^1h^1}h_{t-1}^1+b_h^1) \qquad (5-69)$$

$$h_t^n=f_h(W_{ih^n}x_t+W_{h^{n-1}h^n}h_t^{n-1}+W_{h^nh^n}h_{t-1}^n+b_h^n) \qquad (5-70)$$

输出层的输出为：

$$\hat{y}_t=b_y+\sum_{n=1}^{N}W_{h^ny}h_t^n,\ y_t=f_y(\hat{y}_t) \qquad (5-71)$$

式（5－71）中，$f_h(\cdot)$，$f_y(\cdot)$分别为隐含层神经元和输出层神经元的激活函数；W_{ih^1}表示输入层与第一层隐含层之间的连接权值；$W_{h^nh^n}$表示第 n 层隐含层神经元之间的循环连接权值，依此类推。

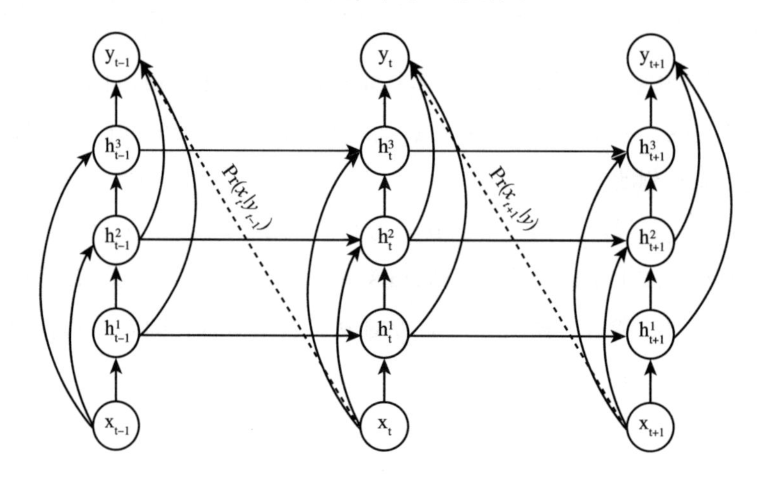

图 5 -21　本应用例中采用的 LSTM 网络结构

三、双向反馈网络

双向反馈网络（bidirectional recurrent neural network，BRNN）是目前另一种常用的时序型反馈网络结构。

（一）网络结构

图 5 -22 显示了 BRNN 网络的基本结构示例，该例子按三个时序展开。如图 5 -22 所示，BRNN 网络包括两组隐含层，分别同时对接到输入和输出层上。这两组隐含层的区别在于信号反馈的方向正好相反，其中，一组是沿着时间顺序正向传输，从第 t -1 时刻到第 t 时刻再到第 t +1 时刻，依次类推；另一组则反之，从第 t +1 时刻回到第 t 时刻再回到第 t -1 时刻，依次类推。双向反馈这一名称形象地概括了其结构上的这种特点。

从结构上说，BRNN 中只存在两个隐含层节点，各自存在一条自循环边，但自循环边是有向的，这种有向主要体现在计算和学习方式上，结构上较难区分清楚。这种对信息反馈方向的考虑，使得 BRNN 与其他反馈网

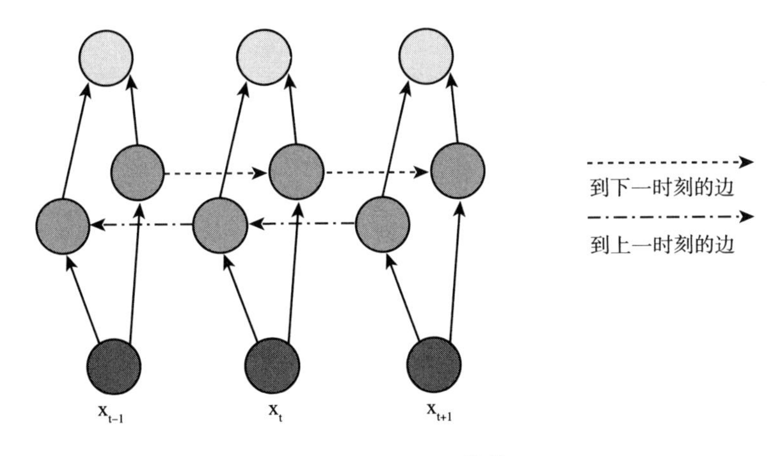

图 5－22　BRNN 结构

络存在一个根本的不同，就是不仅考虑历史信息对未来结果的影响，而且考虑未来信息对过去结果的影响，能够使得整个时序数据中不同时间点上获得的信息得到更充分的利用，因此有可能获得更好的效果。

（二）学习方法

BRNN 的学习同样可采用 BPTT 算法，只不过对于前向隐含层节点和反向隐含层节点来说，需要分别在两个不同方向上计算输出结果以及误差梯度，其他方面则一致。其学习算法总结如图 5－23 所示（考虑时间序列 $1\leqslant t\leqslant T$）。

> Step1：前向传递。
> Step1.1：对于正向隐含层节点，按从t=1到t=T的时间顺序执行前向计算；对于反向隐含层节点，按从t=T到t=1的时间顺序执行前向计算；
> Step1.2：计算输出层节点是输出。
> Step2：反向传递。
> Step2.1：计算输出层节点的目标函数梯度；
> Step2.2：对于正向隐含层节点，按从t=T到t=1的时间顺序反向计算目标函数梯度；对于反向隐含层节点，按从t=1到t=T的时间顺序反向计算目标函数梯度；
> Step3：更新权值。

图 5－23　BRNN 学习算法

根据 BRNN 结构和上述学习方法可知，其在学习时需要一个开始点和结束点，否则不能反向学习，这导致 BRNN 只能用于时序个数能事先确定的场合，比如固定长度的时序数据等。对于非固定长度的时序数据，需要将其转换为固定长度后，再应用 BRNN 计算。

（三）双向 LSTM 网络

BRNN 的主要贡献是给出了隐含层单元的双向连接方式，是一种结构构造方法，而 LSTM 则主要是提出了一种特定的记忆神经元作为网络的构造单元，因此可以将二者的思想结合起来，用记忆神经元来构造 BRNN 网络，即在 BRNN 网络中的隐含层神经元采用记忆神经元，从而获得 BLSTM 网络（bidirectional LSTM）。

第六章

数据维度归约方法

在机器学习中，需要处理的数据量一般都比较大。虽然当今计算机的处理能力在不断地提高，但在提高运算效率方面对数据量仍然有着一定的要求。这就意味着需要对大规模的数据进行一些归类和合并，使得原来的数据量能够得以“压缩”。同时，在这个过程中还不能丢弃数据本身的一些特征，以便能够对原来的数据集进行解释。这些就是对于数据维度进行归约的基本思想和要求。

第一节　单类数据降维

所谓的单类数据降维不是说仅仅只有一元的数据进行归约和降维，而是说数据集中体现的是某一类特征，这类特征具有一些相同的特点。在机器学习中，单类数据降维的内容相对比较多，也比较成熟，主要包含主成分分析、因子分析及相关分析等。这些方法大多基于统计理论，属于无监督学习的范畴。

一、主成分分析

主成分分析，顾名思义，是要在数据集中找到“主要的成分”，然后通过这些主成分来认识整个数据集的特点。很显然，主成分分析可以降低数据集的维度，实现对于数据量的压缩。在主成分分析中，体现数据集主成分的可以是其中的一个或几个变量，也可以是这几个变量的线性组合。这些变量或其线性组合所包含的信息量与原数据集中所有数据所包含的信息几乎相同，所以可以利用这些主成分来“代表”或“解释”原来的数据集。假设原来的数据集中有 n 个变量，通过主成分分析将变量个数减少为 k 个（$k<n$），那么就可以用这 k 个主成分作为代表，解释原来的数据集。在具体的统计和机器学习工作中，主成分分析一般用来解释数据集的方差/协方差的结构。

在数学上，主成分分析通常将数据集中的一组变量通过线性组合的方法转化成另一组线性无关的变量，然后对这些新的变量按照其方差的次序进行排列。方差最大的那个变量就称为第一主成分，然后随之递减分别称为第二主成分，……第 k 主成分。其数学表达如下：

由 n 个变量所组成的数据集为：$\mathbf{X}=[X_1,X_2,\cdots,X_n]^T$，其协方差阵为 Σ，该协方差阵的特征值为 $\lambda_1,\lambda_2,\cdots,\lambda_n$，且有 $\lambda_1\geqslant\lambda_2\geqslant\cdots\geqslant\lambda_n\geqslant0$，将数据集中的分量进行线性组合，产生新的变量：

$$\begin{cases}Y_1=A_{11}x_1+A_{12}x_2+\cdots+A_{1n}x_n\\Y_2=A_{21}x_1+A_{22}x_2+\cdots+A_{2n}x_n\\\vdots\\Y_n=A_{n1}x_1+A_{n2}x_2+\cdots+A_{mn}x_n\end{cases}\tag{6-1}$$

则新变量 Y 的方差/协方差阵为：

$$\mathrm{Cov}(\mathbf{Y})=\begin{bmatrix}\sum_{11}^{Y}&\cdots&\sum_{1n}^{Y}\\\vdots&\ddots&\vdots\\\sum_{n1}^{Y}&\cdots&\sum_{mn}^{Y}\end{bmatrix}\tag{6-2}$$

式（6-2）中对角线元素为方差，即：

$$\mathrm{var}(Y_{ii})=[A_{i1}\quad A_{i2}\quad\cdots\quad A_{in}]\Sigma[A_{i1}\quad A_{i2}\quad\cdots\quad A_{in}]^T,i=1,2,\cdots,n\tag{6-3}$$

非对角线元素为协方差，即：

$$Cov(Y_{ij}) = [A_{i1} \quad A_{i2} \quad \cdots \quad A_{in}] \Sigma [A_{j1} \quad A_{j2} \quad \cdots \quad A_{jn}]^T, i,j = 1,2,\cdots,n; \text{ 且 } i \neq j$$

所谓的主成分是指互不相关的线性组合，使其方差即式（6-3）尽可能大。

接下来需要求出方差/协方差阵的特征值和特征向量。已知初始数据集 $\mathbf{X} = [X_1, X_2, \cdots, X_n]^T$ 的特征值为 $\lambda_1 \geqslant \lambda_2 \geqslant \cdots \geqslant \lambda_n \geqslant 0$，与之相对应的特征向量为 $e_1, e_2, \cdots, e_n$，而 P 是由特征向量所组成的正交阵，则根据矩阵理论的相关知识，有：

$$\Sigma = \mathbf{P}^T \mathbf{\Lambda} \mathbf{P} \tag{6-4}$$

式（6-4）中，$\mathbf{\Lambda}$ 为由特征值 $\lambda_1, \lambda_2, \cdots, \lambda_n$ 作为对角线元素的对角阵。则：

$$\frac{\mathbf{Y}_i \mathbf{\Lambda} \mathbf{Y}_i^T}{\mathbf{Y}_i \mathbf{Y}_i^T} = \frac{\sum_{i=1}^{n} \lambda_i Y_i^2}{\sum_{i=1}^{n} Y_i^2} \tag{6-5}$$

由 $\lambda_1 \geqslant \lambda_2 \geqslant \cdots \geqslant \lambda_n \geqslant 0$，可知上式可写为：

$$\frac{\sum_{i=1}^{n} \lambda_i Y_i^2}{\sum_{i=1}^{n} Y_i^2} \leqslant \lambda_1 \frac{\sum_{i=1}^{n} Y_i^2}{\sum_{i=1}^{n} Y_i^2} = \lambda_1 \tag{6-6}$$

而特征向量 $e_1, e_2, \cdots, e_n$ 进行正交化和单位化后，有：

$$\mathbf{e}_1 \Sigma \mathbf{e}_1^T = var(Y_1) = \lambda_1$$

$$\mathbf{e}_2 \Sigma \mathbf{e}_2^T = var(Y_2) = \lambda_2$$

$$\vdots$$

$$\mathbf{e}_n \Sigma \mathbf{e}_n^T = var(Y_n) = \lambda_n$$

因为进行正交化后特征向量两两之间相互正交，故有：$\mathbf{e}_i \mathbf{e}_j^T = 0, i \neq k$。这样不论特征值是否相等，新变量的方差阵一定是对角型矩阵，不会出现约当块（Jordan Block）。也就是新变量的协方差为零：

$$Cov(Y_{ij}) = \mathbf{e}_i \Sigma \mathbf{e}_j^T = 0, i,j = 1,2,\cdots,n; \text{ 且 } i \neq j \tag{6-7}$$

由此可知，式（6-2）应为：

$$\mathrm{Cov}(\mathbf{Y})=\begin{bmatrix}\lambda_1 & \cdots & 0\\ \vdots & \lambda_i & \vdots\\ 0 & \cdots & \lambda_n\end{bmatrix} \tag{6-8}$$

新变量所构成的新数据集方差阵的迹为：

$$\begin{aligned}\mathrm{Tr}[\mathrm{Cov}(\mathbf{Y})] &= \lambda_1+\lambda_2+\cdots+\lambda_n\\ &= \sum_{i=1}^{n}\mathrm{Cov}(Y_{ii}) = \sum_{i=1}^{n}\mathrm{Cov}(X_{ii})\end{aligned} \tag{6-9}$$

从式（6－9）可以看出，旧数据集中数据的特征值和经过变换之后新数据集中数据的特征值并没有改变。这是因为在整个变换过程中进行的是非奇异线性变换，该变换不会改变特征值。从另外一个方面来讲，旧数据集中数据的“本质特性”并没有因为作了这种变换而发生变化。发生变化的仅仅是将原来数据的方差阵——非对角型的方差阵变为新数据的对角型方差阵了。

将新数据集中每组数据的方差与总的方差和作对比，就可以得出每组数据方差占数据总体方差的比例，即：

$$P_i=\frac{\lambda_i}{\lambda_1+\lambda_2+\cdots+\lambda_n}, i=1,2,\cdots,n \tag{6-10}$$

式（6－10）中，P_i 即为每组数据方差占数据总体方差的比例。如果某个或某几个方差的比例很大，足以占到数据总体方差的绝大部分（如占到80%以上，可以根据情况人为指定），就可以认为在数据集中这些因素是整个数据的“主成分”，可以用这些数据来代表整个数据集，用这些数据来解释整个数据集，那些占比很少的因素就几乎可以忽略不计了，这就是主成分分析的基本思想。下面从几何的角度来解释主成分分析的意义。

图6－1为一组三维数据在空间中的表示。这组数据比较杂乱，我们看不出在哪个方向上占优势。当然，在哪个方向上占优势主要是指在哪个坐标轴方向上占优势。于是，可以进行坐标变换，将数据集重新安置在新的坐标中。这时，就可以看出数据集中的数据主要集中在哪个坐标轴的方向上了，以此作为数据集的主成分。式（6－1）就是一个线性变换的过程。由线性代数的内容可知，在非奇异线性变换中，矩阵的特征值、特征向量

不会改变，因此，主成分变换实际上就是“换了一个角度看问题”，本质上并不会改变数据集的根本属性。

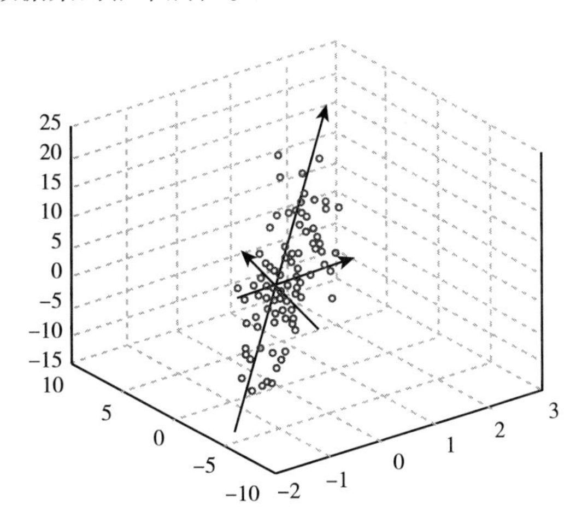

图 6－1　主成分分析的几何表示

为了能更清楚地用数学语言说明主成分分析的特点，不妨设数据集中的数据是满足正态分布的。数据集中数据是多维的（如果是一维数据，就没必要进行主成分分析了，该维数据就是主成分），在分析时先以二维情况为例。在二维情况下，不妨设数据集中的数据满足正态分布，即：

$$f(x)=\frac{1}{2\pi(\Sigma)^{1/2}}e^{-[(x-\mu)^{T}\Sigma^{-1}(x-\mu)]/2} \tag{6-11}$$

式（6－11）中，$\boldsymbol{\mu}$ 为二维数据的期望，即 $\boldsymbol{\mu}=\begin{bmatrix}\mu_1\\ \mu_2\end{bmatrix}=\begin{bmatrix}E(x_1)\\ E(x_2)\end{bmatrix}$；$\Sigma$ 为这二维数据的协方差矩阵，即 $\Sigma=\begin{bmatrix}\sigma_{11} & \sigma_{12}\\ \sigma_{21} & \sigma_{22}\end{bmatrix}$。参考式（6－2），有 $\sigma_{12}=\sigma_{21}$。令可知：

$$\Sigma^{-1}=\frac{1}{\sigma_{11}\sigma_{22}-\sigma_{12}^{2}}\begin{bmatrix}\sigma_{22} & -\sigma_{21}\\ -\sigma_{12} & \sigma_{11}\end{bmatrix} \tag{6-12}$$

二维正态分布随机向量概率密度函数如图 6－2 所示。

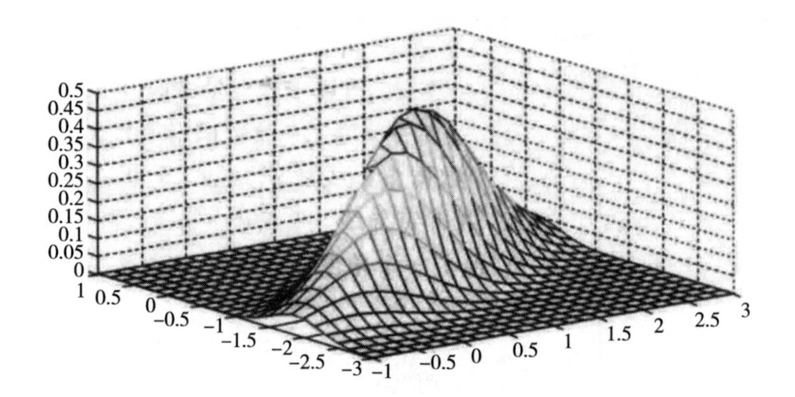

图 6－2　二维正态分布的概率密度

将各维数据标准化：

$$z_1 = \frac{x_1 - \mu_1}{\sqrt{\sigma_{11}}}, z_2 = \frac{x_2 - \mu_2}{\sqrt{\sigma_{22}}} \tag{6－13}$$

对于数据向量 $\mathbf{x} = [x_1 \quad x_2]^T$，它与期望向量 $\boldsymbol{\mu} = [\mu_1 \quad \mu_2]^T$ 的广义距离为：

$$D_{x,\mu} = \sqrt{(\mathbf{x} - \boldsymbol{\mu})^T \Sigma^{-1} (\mathbf{x} - \boldsymbol{\mu})} \tag{6－14}$$

其平方为：

$$\begin{aligned}
&(\mathbf{x} - \boldsymbol{\mu})^T \Sigma^{-1} (\mathbf{x} - \boldsymbol{\mu}) \\
&= [x_1 - \mu_1 \quad x_2 - \mu_2] \frac{1}{\sigma_{11}\sigma_{22} - \sigma_{12}^2} \begin{bmatrix} \sigma_{22} & -\sigma_{21} \\ -\sigma_{12} & \sigma_{11} \end{bmatrix} \begin{bmatrix} x_1 - \mu_1 \\ x_2 - \mu_2 \end{bmatrix} \\
&= \frac{1}{\sigma_{11}\sigma_{22} - \sigma_{12}^2} [\sigma_{22}(x_1 - \mu_1)^2 - 2\sigma_{12}(x_1 - \mu_1)(x_2 - \mu_2) + \sigma_{11}(x_2 - \mu_2)^2]
\end{aligned} \tag{6－15}$$

从图 6－2 及式（6－15）可以看出，概率密度的表面是一个椭球面。其中心为 $\boldsymbol{\mu}$，长短轴为协方差阵 Σ。一般的数据集中，方差阵 Σ 并不是一个对角阵，这说明椭球的各“长短轴”并不在坐标轴的轴线上，很难对比这些“长短轴”的长度。于是进行坐标变换，将坐标进行旋转，使这些“长短轴”能够位于坐标轴上，然后对比椭球面“长短轴”的长度，长度越长则越能代表这个数据集的主成分。

那么进行旋转变换以后，主成分（或其他成分）与原有的数据之间是什么关系呢？这就需要研究主成分与原有变量之间的相关程度，即相关系数。

根据上述分析，经坐标变换后的数据可以表示为：

$$Y_1 = \mathbf{e}_1^T\mathbf{X},\quad Y_2 = \mathbf{e}_2^T\mathbf{X},\quad \cdots,\quad Y_n = \mathbf{e}_n^T\mathbf{X} \tag{6-16}$$

另设 $a_k = [0,\cdots,0,1,0,\cdots0]$（第 k 个元素为 1），则有 $X_k = a_k X$。由此可以求出原数据集中第 k 个分量 X_k 与经过变换后的新数据集中第 i 个分量 Y_i 之间的相关系数 ρ_{Y_i,x_k}。首先计算其协方差：

$$Cov(X_k, Y_i) = Cov(\mathbf{a}_k\mathbf{X}, \mathbf{e}_i^T\mathbf{X}) = \lambda_i e_{ik} \tag{6-17}$$

式（6-17）中，λ_i 为变换后新数据集的特征值。e_{ik} 为一标量，是行向量 a_k 与新数据集中第 i 个特征向量（列向量）的乘积，也就是保留了 e_i 这个特征向量的第 k 个分量，其余全部清零。

$$\rho_{Y_i,x_k} = \frac{Cov(X_k, Y_i)}{\sqrt{Var(X_k)}\sqrt{Var(Y_i)}} = \frac{\lambda_i e_{ik}}{\sqrt{\lambda_i}\sqrt{\sigma_{ii}}} = \frac{\sqrt{\lambda_i}}{\sqrt{\sigma_{ii}}}e_{ik} \tag{6-18}$$

式（6-18）中，σ_{ii} 为原数据集中方差阵对角线元素中第 i 个分量。

主成分分析方法并不是一个非常新的方法，然而在新兴的机器学习方面却有很重要的应用。这是因为它只以方差来对信息量进行衡量，不受数据集以外其他因素的影响；而且在进行正交变换以后，新数据集的各量之间相互正交，消除了旧数据集中数据的耦合影响，在机器学习中对于数据降维非常有效。但主成分分析方法也有一些问题，主要表现在与旧数据集相比，经过变换后所形成的新数据集的物理意义不够清晰，而且某些非主成分的数据可能会包含一些重要信息，如果仅使用主成分分析进行数据解释的话，可能会丢失原有数据的一些信息。

二、因子分析

因子分析与主成分分析有一定的相似之处，是用一组构造的变量来描述数据集中各变量之间的协方差的关系。一般来讲，这些构造的变量不能被观测，称为“因子”。因子分析的主要思想是：如果数据集中有一些变量之间的相关性很高，说明它们之间很相似，拥有相同的“结构”，那么就将其归为一类，使用一个结构变量来代表这组变量，这个结构变量就是因子，分析的过程就称为因子分析。可以看出，经过这样的分析过程后同样也实现了数据维度的归约。

下面讨论因子分析的方法和过程。

对于数据集 $\mathbf{X}$，其中的数据有 n 个分量：$\mathbf{X}=[X_1,X_2,\cdots,X_n]^T$；各分量的均值为 $\boldsymbol{\mu}=[\mu_1,\mu_2,\cdots,\mu_n]^T$；协方差矩阵为$\Sigma$。设定数据集有 m 个因子：$f_1,f_2,\cdots,f_m$。将数据集中的各数据分量中心化，并用因子线性表达，有：

$$\begin{aligned} X_1-\mu_1 &= a_{11}f_1+a_{12}f_2+\cdots+a_{1m}f_m+\varepsilon_1 \\ X_2-\mu_2 &= a_{21}f_1+a_{22}f_2+\cdots+a_{2m}f_m+\varepsilon_2 \\ &\vdots \\ X_n-\mu_n &= a_{n1}f_1+a_{n2}f_2+\cdots+a_{nm}f_m+\varepsilon_n \end{aligned} \tag{6-19}$$

与式（6-1）相比，式（6-19）多了误差项 $\varepsilon_1,\varepsilon_2,\cdots,\varepsilon_n$，这是主成分分析与因子分析的区别之一。因子分析中，因子的数量在很大程度上是人为指定的，而不仅仅是旋转变换，因此数据集中的数据各分量可能会存在不同程度的误差。将式（6-19）写成矩阵表达形式：

$$\mathbf{X}-\boldsymbol{\mu}=\mathbf{AF}+\boldsymbol{\varepsilon} \tag{6-20}$$

式（6-20）中，$\mathbf{A}$ 为因子载荷阵$(n\times m)$，其各分量 a_{ij}为第 i 个变量在第 j 个因子上的载荷。$\mathbf{F}$ 为因子向量$(m\times 1)$，$\boldsymbol{\varepsilon}$ 为误差向量$(n\times 1)$。对于这种线性表达，有一定的条件约束，即：

$$E(\mathbf{F})=0,\mathrm{Cov}(\mathbf{F})=I \tag{6-21}$$

$$E(\boldsymbol{\varepsilon})=0,\mathrm{Cov}(\boldsymbol{\varepsilon})=E(\boldsymbol{\varepsilon}\boldsymbol{\varepsilon}^T)=\boldsymbol{\Psi}=\begin{bmatrix}\psi_1 & 0 & \cdots & 0\\ 0 & \psi_2 & \cdots & 0\\ \vdots & \vdots & \ddots & \vdots\\ 0 & 0 & \cdots & \psi_n\end{bmatrix} \tag{6-22}$$

$$\mathrm{Cov}(\boldsymbol{\varepsilon},\mathbf{F})=0 \tag{6-23}$$

式（6-21）说明各因子之间是相互正交的，因此这种条件下的因子分析也称为正交因子分析。如果该条件不满足，就成为了斜交因子分析。

斜交因子分析也是一种数据的分析方法，但分析过程比较繁复困难，在机器学习领域应用较少，此处不作讨论。式（6-22）表明进行因子分析的各分量估计值是无偏估计，而且各分量之间的偏差也不相关。式（6-23）表明因子与误差之间也不相关。

对于数据集中数据经中心化后的方差结构，有：

$$\begin{aligned}\Sigma &= E[(\mathbf{x}-\boldsymbol{\mu})(\mathbf{x}-\boldsymbol{\mu})^T] = E[(\mathbf{AF}+\boldsymbol{\varepsilon})(\mathbf{AF}+\boldsymbol{\varepsilon})^T] \\ &= E[\mathbf{AFF}^T\mathbf{A}^T + \mathbf{AF}\boldsymbol{\varepsilon}^T + \boldsymbol{\varepsilon}^T\mathbf{AF} + \boldsymbol{\varepsilon}\boldsymbol{\varepsilon}^T] \\ &= \mathbf{AA}^T + \boldsymbol{\Psi}\end{aligned} \tag{6-24}$$

数据经中心化后与因子之间的协方差结构：

$$\begin{aligned}\mathrm{Cov}(x-\mu,\mathbf{F}) &= E[(\mathbf{x}-\boldsymbol{\mu})\mathbf{F}^T] = E[(\mathbf{AF}+\boldsymbol{\varepsilon})\mathbf{F}^T] \\ &= E[\mathbf{AFF}^T + \boldsymbol{\varepsilon}\mathbf{F}^T] = \mathbf{A}\end{aligned} \tag{6-25}$$

考察式（6-24），有：

$$\mathrm{Var}(X_i) = \boldsymbol{\sigma}_{ii} = a_{i1}^2 + a_{i2}^2 + \cdots + a_{im}^2 + \psi_i \tag{6-26}$$

$$\mathrm{Cov}(X_i, X_k) = \boldsymbol{\sigma}_{ik} = a_{i1}^2 + a_{i2}^2 + \cdots + a_{im}^2 \tag{6-27}$$

由式（6-26）可以看出，经中心化后的各分量的方差由两部分组成：一部分是因子载荷的平方和所组成的，即 $a_{i1}^2 + a_{i2}^2 + \cdots + a_{im}^2$，称为共性方差；另一部分是由误差的方差所给出的，即 ψ_i，称为特殊方差。共性方差可以表示为：

$$h_i^2 = a_{i1}^2 + a_{i2}^2 + \cdots + a_{im}^2 \quad (i=1,2,\cdots,n) \tag{6-28}$$

于是由式（6-26）有：

$$\mathrm{Var}(X_i) = \boldsymbol{\sigma}_{ii} = h_i^2 + \psi_i \quad (i=1,2,\cdots,n) \tag{6-29}$$

在得到方差的基本结构后，接下来的任务就是求取因子载荷和误差方差。因子分析与主成分分析有一定的相似之处，因此求取这些参数的方法之一就是借助于主成分分析的方法。首先利用主成分分析方法的相应结论求取因子载荷的系数，然后再得出特殊方差。

对于式（6-24）先忽略其特殊方差，就剩下 $\mathbf{AA}^T$ 阵，容易得知这是一个 $n \times n$ 的对称阵，不妨将其记作 R。将 R 的 n 个特征值进行排列，即 $\lambda_1 \geqslant \lambda_2 \geqslant \cdots \geqslant \lambda_n \geqslant 0$，对应的特征向量所组成的矩阵为：$\mathbf{P} = [e_1, e_2, \cdots, e_n]$，

由特征值组成的对角阵为 $\mathbf{\Lambda}=\mathrm{diag}(\lambda_1,\lambda_2,\cdots,\lambda_n)$。根据矩阵特征值分解，有：

$$\mathbf{A}\mathbf{A}^T=R=\mathbf{P}\mathbf{\Lambda}\mathbf{P}^T=\sum_{i=1}^{n}\lambda_i\mathbf{e}_i\mathbf{e}_i^T$$

$$=\left[\sqrt{\lambda_1}\mathbf{e}_1\quad\sqrt{\lambda_2}\mathbf{e}_2\quad\cdots\quad\sqrt{\lambda_n}\mathbf{e}_n\right]\begin{bmatrix}\sqrt{\lambda_1}\mathbf{e}_1^T\\\sqrt{\lambda_2}\mathbf{e}_2^T\\\vdots\\\sqrt{\lambda_n}\mathbf{e}_n^T\end{bmatrix}\qquad(6-30)$$

式（6－30）中，各特征向量可以看作是数据集的因子，而$\sqrt{\lambda_i}$为尺度因子。$\sqrt{\lambda_i}$可以看作是第 i 个因子的主成分系数。更进一步地，尺度因子$\sqrt{\lambda_i}$很小时，可以将其略去，将因子的数量缩减为 p 个，这时式（6－30）可以化为：

$$R_{n\times n}\approx\left[\sqrt{\lambda_1}e_1\quad\sqrt{\lambda_2}e_2\quad\cdots\quad\sqrt{\lambda_p}e_p\right]_{n\times p}\begin{bmatrix}\sqrt{\lambda_1}\mathbf{e}_1^T\\\sqrt{\lambda_2}\mathbf{e}_2^T\\\vdots\\\sqrt{\lambda_p}\mathbf{e}_p^T\end{bmatrix}_{p\times n}\qquad(6-31)$$

从式（6－31）中可以看出，在缩减了 n－p 个因子后，共性方差阵仍然保持了 n 阶方阵的形式。这样因子分析和主成分分析就几乎一致了，在保持数据维度归约的基础上，对于方差分析并没有影响。

此时如果想进一步提高精度的话，可以考虑将特殊方差考虑进来，由式（6－24）有：

$$\Sigma=\mathbf{A}\mathbf{A}^T+\mathbf{\Psi}$$

$$=\left[\sqrt{\lambda_1}\mathbf{e}_1\quad\sqrt{\lambda_2}\mathbf{e}_2\quad\cdots\quad\sqrt{\lambda_p}\mathbf{e}_p\right]\begin{bmatrix}\sqrt{\lambda_1}\mathbf{e}_1^T\\\sqrt{\lambda_2}\mathbf{e}_2^T\\\vdots\\\sqrt{\lambda_p}\mathbf{e}_p^T\end{bmatrix}+\begin{bmatrix}\psi_1'&0&\cdots&0\\0&\psi_2'&\cdots&0\\\vdots&\vdots&\ddots&\vdots\\0&0&\cdots&\psi_n'\end{bmatrix}$$

$$(6-32)$$

式（6－32）中，$\psi_i' = \sigma_{ii} - \sum a_{ij}^2, i = 1, 2, \cdots, n$。需要说明的是，这时的特殊方差已经和原先的特殊方差有所不同了。以上过程可以总结如下：

因子分析的因子载荷矩阵为：

$$\hat{\mathbf{A}} = \left[\sqrt{\lambda_1}\,\mathbf{e}_1 \quad \sqrt{\lambda_2}\,\mathbf{e}_2 \quad \cdots \quad \sqrt{\lambda_p}\,\mathbf{e}_p \right] \tag{6-33}$$

因子分析的特殊方差矩阵为：

$$\boldsymbol{\Psi} = \begin{bmatrix} \psi_1' & 0 & \cdots & 0 \\ 0 & \psi_2' & \cdots & 0 \\ \vdots & \vdots & \ddots & \vdots \\ 0 & 0 & \cdots & \psi_n' \end{bmatrix} \tag{6-34}$$

因子分析中，因子的数量可以由人为指定，也可以根据主成分分析的方法来选定。根据主成分分析方法来选定时，通常考察因子对于样本方差的贡献大小，将贡献小的因子忽略。由于这种参数确定方法与主成分分析方法非常类似，因此也称为因子分析的主成分解。

除了上述的主成分分析方法外，因子分析还可以使用极大似然估计的方法进行。极大似然估计方法需要获得估计对象的概率分布（或概率密度）函数的情况。在实际的估计分析过程中，常常将因子向量（有时也称作公共因子）**F** 和误差向量 **ε**（也称特殊因子）的分布情况设定为正态分布。当两者为联合正态分布时，可以得到其似然函数为：

$$\begin{aligned} L(\boldsymbol{\mu}, \textstyle\sum) &= (2\pi)^{-\frac{np}{2}} \left| \textstyle\sum \right|^{-\frac{n}{2}} \\ &\quad \exp\left\{ -\frac{1}{2}\mathrm{tr}\left[\textstyle\sum^{-1}\left(\sum_{i=1}^{n} (x_i - \bar{x})(x_i - \bar{x})^T + n(\bar{x} - \mu)(\bar{x} - \mu)^T \right) \right] \right\} \\ &= (2\pi)^{-\frac{(n-1)p}{2}} \left| \textstyle\sum \right|^{-\frac{n-1}{2}} \exp\left\{ -\frac{1}{2}\mathrm{tr}\left[\textstyle\sum^{-1} \sum_{i=1}^{n} (x_i - \bar{x})(x_i - \bar{x})^T \right] \right\} \\ &\quad \times (2\pi)^{-\frac{p}{2}} \left| \textstyle\sum \right|^{-\frac{1}{2}} \exp\left\{ -\frac{n}{2}\mathrm{tr}\left[(\bar{x} - \mu)^T \textstyle\sum^{-1} (\bar{x} - \mu) \right] \right\} \end{aligned} \tag{6-35}$$

所求的极大似然估计就是要在式（6－32）的条件下，使式（6－33）能够达到最大值。在此基础上，需要考虑约束条件：

$$\mathbf{A}\boldsymbol{\Psi}\mathbf{A}^T = \boldsymbol{\Delta} \tag{6-36}$$

从而可以得出极大似然估计值 $\hat{\mathbf{A}}$ 和 $\mathbf{\Psi}$。

考虑到极大似然估计的不变性，共性方差的极大似然估计为：

$$h_i^2 = a_{i1}^2 + a_{i2}^2 + \cdots + a_{im}^2 \quad (i = 1, 2, \cdots, n) \tag{6-37}$$

而归因于某个因子 i 的样本占总方差的比例为：

$$P = \frac{\hat{a}_{1i}^2 + \hat{a}_{2i}^2 + \cdots + \hat{a}_{mi}^2}{s_{11} + s_{22} + \cdots + s_{mm}} = \frac{\hat{a}_{1i}^2 + \hat{a}_{2i}^2 + \cdots + \hat{a}_{mi}^2}{\mathrm{tr}S} \tag{6-38}$$

三、相关分析

相关分析主要是研究两组数据集之间的关系，并能够给出定量的说明。相关分析是对两组变量的线性组合进行研究：首先得到一对线性组合，其相关系数最大；然后再从其他的数据中选出最大相关系数的一组；接着进行往复循环迭代，渐次进行完毕。这些逐次选出的线性相关的组合称为典型变量（向量），其相关系数称为典型相关系数。因此，相关分析也称作典型相关分析。目前，相关分析是研究两组数据集相关关系的非常有效的方法。

设有两个数据集 X、Y，其中数据集 X 有 p 个分量，数据集 Y 有 q 个分量，不妨考虑 $p<q$，且两组数据选取的样本数相同，均为 n，即：

$$\mathbf{X} = \begin{bmatrix} x_{11} & x_{12} & \cdots & x_{1p} \\ x_{21} & x_{22} & \cdots & x_{2p} \\ \vdots & \vdots & \ddots & \vdots \\ x_{n1} & x_{n2} & \cdots & x_{np} \end{bmatrix}_{n\times p}, \quad \mathbf{Y} = \begin{bmatrix} y_{11} & y_{12} & \cdots & y_{1q} \\ y_{21} & y_{22} & \cdots & y_{2q} \\ \vdots & \vdots & \ddots & \vdots \\ y_{n1} & y_{n2} & \cdots & y_{nq} \end{bmatrix}_{n\times q} \tag{6-39}$$

另外，在上述两个数据集中，还可以看作是由随机向量组成的，即：

$$\mathbf{x} = (x_1, \ x_2, \ \cdots, \ x_p)^T, \quad \mathbf{y} = (y_1, \ y_2, \ \cdots, \ y_q)^T \tag{6-40}$$

这两组随机向量（数据集）的数字特征如下：

$$E(\mathbf{X}) = \mu_x, \mathrm{Cov}(\mathbf{X}) = \Sigma_{xx}$$

$$E(\mathbf{Y}) = \mu_y, \mathrm{Cov}(\mathbf{Y}) = \Sigma_{yy}$$

$$\mathrm{Cov}(\mathbf{X}, \mathbf{Y}) = \Sigma_{xy} = \Sigma_{yx}$$

将这两个数据集合并为一个数据集$(\boldsymbol{\chi})_{n\times(p+q)}$，则其数字特征为：

$$E(\boldsymbol{\chi}) = [\mu_x \quad \mu_y]$$

$$\Sigma = \begin{bmatrix} \Sigma_{xx} & \Sigma_{xy} \\ \Sigma_{yx} & \Sigma_{yy} \end{bmatrix}_{(p+q)\times(p+q)}$$

相关分析的基本任务是要在Σ_{xy}中选择几个协方差来表达数据集 X 和 Y 之间的关系，再将原先的两个随机向量分别进行线性组合，形成新的向量：

$$\begin{cases} \mathbf{U} = \mathbf{a}^T\mathbf{x} = a_1x_1 + a_2x_2 + \cdots + a_px_p \\ \mathbf{V} = \mathbf{b}^T\mathbf{y} = b_1y_1 + b_2y_2 + \cdots + b_qy_q \end{cases} \tag{6-41}$$

则新向量的（协）方差为：

$$Var(\mathbf{U}) = Var(\mathbf{a}^T\mathbf{x}) = \mathbf{a}^T \Sigma_{xx}\mathbf{a}$$

$$Var(\mathbf{V}) = Var(\mathbf{b}^T\mathbf{y}) = \mathbf{b}^T \Sigma_{yy}\mathbf{b}$$

$$Cov(\mathbf{U},\mathbf{V}) = Cov(\mathbf{a}^T\mathbf{x},\mathbf{b}^T\mathbf{y}) = \mathbf{a}^T \Sigma_{xy}\mathbf{b}$$

相关分析就是求取系数向量 **a** 和 **b**，使得相关系数：

$$\rho = \frac{\mathbf{a}^T \Sigma_{xy}\mathbf{b}}{\sqrt{\mathbf{a}^T \Sigma_{xx}\mathbf{a}}\sqrt{\mathbf{b}^T \Sigma_{yy}\mathbf{b}}} \tag{6-42}$$

能够取得最大。同时还需要保持：

$$\begin{cases} Var(\mathbf{U}) = Var(\mathbf{a}^T\mathbf{x}) = \mathbf{a}^T \Sigma_{xx}\mathbf{a} = 1 \\ Var(\mathbf{V}) = Var(\mathbf{b}^T\mathbf{y}) = \mathbf{b}^T \Sigma_{yy}\mathbf{b} = 1 \end{cases} \tag{6-43}$$

及：

$$\begin{cases} Cov(U_k, U_l) = 0, & k \neq l \\ Cov(V_k, V_l) = 0, & k \neq l \\ Cov(U_k, V_l) = 0, & k \neq l \end{cases}$$

这样问题就成为了在式（6－43）的条件约束下，求式（6－42）的最大值的条件极值问题。由此得出的 **U** 和 **V** 称为典型相关变量，其相关系数称为典型相关系数。

根据高等数学的相关知识，条件极值问题的求解一般使用拉格朗日乘子法进行。因此可以构造辅助函数：

$$J=\frac{\mathbf{a}^T\sum_{xy}\mathbf{b}}{\sqrt{\mathbf{a}^T\sum_{xx}\mathbf{a}}\sqrt{\mathbf{b}^T\sum_{yy}\mathbf{b}}}+\lambda(\mathbf{a}^T\sum_{xx}\mathbf{a}-1)+\tau(\mathbf{b}^T\sum_{yy}\mathbf{b}-1) \tag{6-44}$$

式（6－44）中，λ、τ 为拉格朗日乘子。考虑到数据标准化的情况，可以使用相关系数代替方差，于是式（6－44）变为：

$$J=\mathbf{a}^T\mathbf{R}_{xy}\mathbf{b}+\lambda(\mathbf{a}^T\mathbf{R}_{xx}\mathbf{a}-1)+\tau(\mathbf{b}^T\mathbf{R}_{yy}\mathbf{b}-1) \tag{6-45}$$

对式（6－45）求极值，有：

$$\begin{cases}\dfrac{\partial J}{\partial \mathbf{a}}=\mathbf{R}_{xy}\mathbf{b}+\lambda\mathbf{R}_{xx}\mathbf{a}=0\\ \dfrac{\partial J}{\partial \mathbf{b}}=\mathbf{R}_{yx}\mathbf{a}+\tau\mathbf{R}_{yy}\mathbf{b}=0\end{cases} \tag{6-46}$$

对式（6－46）中①式左乘 $\mathbf{a}^T$，②式左乘 $\mathbf{b}^T$，有：

$$\begin{cases}\lambda=-\mathbf{a}^T\mathbf{R}_{xy}\mathbf{b} & ①\\ \tau=-\mathbf{b}^T\mathbf{R}_{yx}\mathbf{a} & ②\end{cases}$$

因为拉格朗日乘子均为标量系数，因此，

$$\lambda=-\mathbf{a}^T\mathbf{R}_{xy}\mathbf{b}=\lambda^T=-(\mathbf{a}^T\mathbf{R}_{xy}\mathbf{b})^T=-\mathbf{b}^T\mathbf{R}_{xy}^T\mathbf{a}=-\mathbf{b}^T\mathbf{R}_{yx}\mathbf{a}=\tau$$

令 $\gamma=\lambda=\tau$ 并代入式（6－46）求解，可得：

$$\begin{cases}\gamma^2\mathbf{a}=\mathbf{R}_{xx}^{-1}\mathbf{R}_{xy}\mathbf{R}_{yy}^{-1}\mathbf{R}_{yx}\mathbf{a}\\ \gamma^2\mathbf{b}=\mathbf{R}_{yy}^{-1}\mathbf{R}_{yx}\mathbf{R}_{xx}^{-1}\mathbf{R}_{xy}\mathbf{b}\end{cases}$$

其中，γ 为矩阵 $\sqrt{\mathbf{R}_{xx}^{-1}\mathbf{R}_{xy}\mathbf{R}_{yy}^{-1}\mathbf{R}_{yx}}$ 的特征值，且介于 0 和 1 之间，为相关系数。需要指出的是矩阵 $\mathbf{R}_{xx}^{-1}\mathbf{R}_{xy}\mathbf{R}_{yy}^{-1}\mathbf{R}_{yx}$ 与矩阵 $\mathbf{R}_{yy}^{-1}\mathbf{R}_{yx}\mathbf{R}_{xx}^{-1}\mathbf{R}_{xy}$ 并不是对称阵，因此其特征向量也不相同。

将矩阵 $\mathbf{R}_{xx}^{-1}\mathbf{R}_{xy}\mathbf{R}_{yy}^{-1}\mathbf{R}_{yx}$ 的特征向量记为 $\boldsymbol{\xi}=[\xi_1,\xi_2,\cdots,\xi_n]$，将矩阵 $\mathbf{R}_{yy}^{-1}\mathbf{R}_{yx}\mathbf{R}_{xx}^{-1}\mathbf{R}_{xy}$ 的特征向量记为 $\zeta=[\zeta_1,\zeta_2,\cdots,\zeta_n]$。然后将这两组特征向量分别组合在一起形成一个个特征向量对，即 $(\xi_1,\zeta_1),(\xi_2,\zeta_2),\cdots,(\xi_n,\zeta_n)$，就是典型相关变量的典型系数。

典型相关变量一般由人为定义，但相关系数并没有指出原始变量对于典型相关分析的贡献情况。下面就来讨论这一问题。根据式（6－41），令 $\mathbf{A}=\mathbf{a}^{T}$、$\mathbf{B}=\mathbf{b}^{T}$，并考虑 V 中前 m 个典型变量，有：

$$\mathrm{Cov}(\mathbf{U},\mathbf{X})=\mathrm{Cov}(\mathbf{AX},\mathbf{X})=\mathbf{A}\sum\nolimits_{xx}$$

又由式（6－43）可得：

$$\rho_{U,X}=\frac{\mathrm{Cov}(\mathbf{U},\mathbf{X})}{\sqrt{\mathrm{Var}(X)}}=\frac{\mathrm{Cov}(\mathbf{AX},\mathbf{X})}{\sqrt{\mathrm{Var}(X)}}=\mathbf{A}\sum\nolimits_{xx}Q_{xx}^{-1} \quad (6-47)$$

式（6－47）中，Q_{xx}^{-1} 为矩阵$(\sqrt{\mathrm{Var}(X)})^{-1}$的对角线元素。于是有：

$$\rho_{U,Y}=\mathbf{A}\sum\nolimits_{xy}Q_{yy}^{-1},\rho_{V,X}=\mathbf{B}\sum\nolimits_{xy}Q_{xx}^{-1},\rho_{V,Y}=\mathbf{B}\sum\nolimits_{yy}Q_{yy}^{-1} \quad (6-48)$$

由变换 $\mathbf{U}=\mathbf{AX}$ 及式（6－43）可知，相关分析也是一种旋转变换，是方差阵的一种正交变换。

第二节　流形学习

主成分分析是一种线性降维技术，对于非线性数据具有局限性，而在实际应用中很多时候数据是非线性的。此时可以采用非线性降维技术，流形学习（manifold learning）是典型的代表。本章节主要分析等距映射、拉普拉斯特征映射、局部线性嵌入、局部保持投影、随机近邻嵌入、t 分布随机近邻嵌入等算法。

一、等距映射

等距映射（isometric mapping，ISOMAP）涉及多维标度变换（multi-dimensional scaling，MDS）的问题，它可以保持所处理空间上的欧式距离。多维标度变换将原始数据“映射”到低维空间的坐标系中，在此过程中需要保持降维引起的变形最小。而变形的程度则通过衡量原始数据点之间的距离来进行。多维标度变换所涉及的问题是：如果有 N 个数据“点”在高维空间中，而对这些数据不便进行分析，需要将其变换到低维空间，那么在多维标度变换过程中需要使得原来高维空间中数据“点”之间的“距离”与变换后低维空间中数据“点”之间的“距离”基本保持对应关系或者能够相互匹配。

对于有 N 个数据“点”的情况，可以得知其共有 $M=N(N-1)/2$ 个“距离”。先设定这些距离均不相等，然后进行升序排列，即：

$$L_{i_1k_1}<L_{i_2k_2}<\cdots<L_{i_MM} \tag{6-49}$$

然后寻找一个映射结构，使各点之间的距离结构保持排序不变，并使其维度降低，成为一种新的低纬的排序（也可构成降序排列）：

$$d_{i_1k_1}<d_{i_2k_2}<\cdots<d_{i_MM} \tag{6-50}$$

这里需要说明的有两点：

（1）变换后的维度需要比变换前的维度低。

（2）在变换过程中主要强调的是排序。也就是说要在变换前后保持严格的排序结构，至于变换前后的值的大小则不予考虑，只要保持严格的单调关系就可以了。

那么怎样衡量原始数据和变换后的数据距离的结构（相似性）能够保持严格单调呢？克鲁斯卡尔（Kruskal. J. B，1983）提出了一个衡量其偏离匹配程度的量，将其称为“应力”：

$$S=\left[\frac{\sum\sum_{i<k}(d_{ik}-\hat{d}_{ik})^2}{\sum\sum_{i<k}d_{ik}^2}\right]^{1/2}$$

以此来衡量非单调性的情况。应力的大小和拟合优度密切相关，基本呈负相关：拟合优度越好应力越小，反之则越大。

多维标度变换算法一般有以下几个步骤：

Step1：对于 N 个数据，求出其间的 $N(N-1)/2$ 个距离，然后按照式（6-49）排序。

Step2：设定一组降维后的初值点，这组点 d_{ik} 满足式（6-50）的单调性要求，然后使应力指标最小。

Step3：如果应力指标最小则转下一步，如应力没有达到最小则调整 d_{ik} 进行迭代。

Step4：对于最小应力进行作图，并选择最佳维数。

从以上的分析来看，多维标度变换仍然是一种线性变换。在非线性降维处理过程中，要保持式（6－49）到式（6－50）的欧氏距离单调性还有很大困难，因此需要引入等距映射算法。等距映射是一种改进的多维标度变换方法。这种方法将原来高维空间中的欧氏距离换成了流行上的测地线距离。测地线距离是空间中两点的局域最短或最长的路径，主要运用在地图的测绘上。这种变换就如同将一个三维的地球仪映射到两维平面的地图一样。在这种映射变换中，各地之间的距离保持了严格的单调性，但是其距离定义已经远不是欧氏距离了，而且这种变换也是很典型的非线性变换。

等距映射的降维方法就是用测地线距离来代替欧氏距离，然后运用多维标度变换的方法进行的。在有了上述的准备后就可以进行等距映射的数据降维了。

等距映射的算法步骤如下：

Step1：首先建立一个近邻图 G。然后按照多维标度变换的方法进行排序，在此过程中距离的定义可以使用欧氏距离。

Step2：利用测地线距离的方法进行非线性的等距映射，建立低维情况下的距离关系。

Step3：按照多维标度变换的方法对应力指标进行最小化迭代运算。

Step4：得到相应的降维结果（如有必要可以进行逆变换，还原为高维情况下的简化结果）。

等距映射是一种无监督的学习算法，同时也是降维学习算法，可以通过降维方法在低位空间内揭示数据集的基本特征。尤为突出的是在变换过程中使用了非线性变换，使用流形学习算法完成非线性的映射关系，在此基础上与线性多维标度变换相互结合，实现了很好的降维效果。

二、拉普拉斯特征映射

拉普拉斯特征映射（laplacian eigenmaps，LE）是建立在谱图理论上的一种降维算法，需要借助离散的拉普拉斯算子进行。这种算子实际上是一个矩阵。拉普拉斯特征映射谱图如图 6－3 所示。

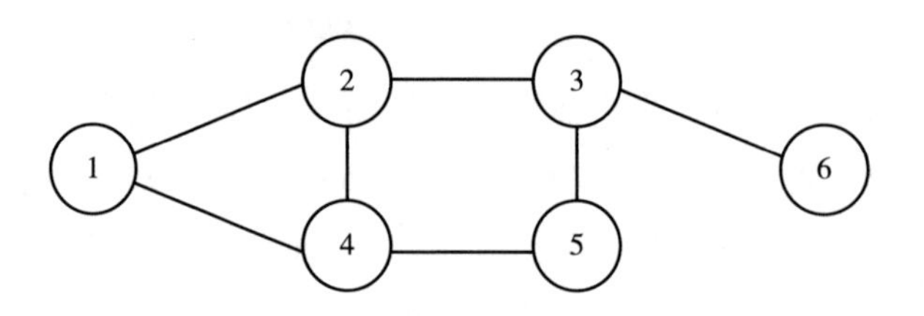

图 6－3 拉普拉斯特征映射谱

图中各个顶点给出标号，各个顶点连接的数目称为度，于是可以得出该图的度矩阵 **D** 如下：

$$\mathbf{D}=\begin{array}{c} \\ 1\\2\\3\\4\\5\\6\end{array}\begin{array}{c}\begin{array}{cccccc}1&2&3&4&5&6\end{array}\\ \begin{bmatrix}2&0&0&0&0&0\\0&3&0&0&0&0\\0&0&3&0&0&0\\0&0&0&3&0&0\\0&0&0&0&2&0\\0&0&0&0&0&1\end{bmatrix}\end{array}$$

度矩阵 **D** 是一个对角阵。再定义邻接矩阵 **W**，也称为权重矩阵，用来表示顶点之间的连接情况，如果两个顶点相连，则对应的元素为 1。如果连接的强度有分别的话，则乘以权重系数 w_{ij}，有：

$$\mathbf{W}=\begin{array}{c} \\ 1\\2\\3\\4\\5\\6\end{array}\begin{array}{c}\begin{array}{cccccc}1&2&3&4&5&6\end{array}\\ \begin{bmatrix}0&1&0&1&0&0\\1&0&1&1&0&0\\0&1&0&0&1&1\\1&1&0&0&1&0\\0&0&1&1&0&0\\0&0&1&0&0&0\end{bmatrix}\end{array}$$

拉普拉斯矩阵定义为：**L** = **D** − **W**。则有：

$$\mathbf{L}=\mathbf{D}-\mathbf{W}=\begin{bmatrix}2&-1&0&-1&0&0\\-1&3&-1&-1&0&0\\0&-1&3&0&-1&-1\\-1&-1&0&3&-1&0\\0&0&-1&-1&2&0\\0&0&-1&0&0&1\end{bmatrix}$$

由此可以看出，拉普拉斯矩阵为对称阵，对角线元素为顶点的度数，非对角线元素均为 -1。而且，该矩阵中各行、列的元素之和均为 0。

拉普拉斯特征映射的基本思想是使用图论的方法来描述流形，然后通过图的嵌入来进行低维表示。在保持图的局部邻接关系不变的条件下，将高维数据向低维空间进行映射。

设原样本集 $X=(x_1,x_2,\cdots,x_n)$，经过拉普拉斯特征映射后的样本集为 $Y=(y_1,y_2,\cdots,y_n)$。为了使数据在流形上的学习能够得到平滑的输入输出函数，可引入高斯核函数：

$$f_\theta(x)=\sum_{i=1}^{n}\theta_i K(x,x_i)$$

其中，

$$K(x,c)=\exp\left(-\frac{\|x-c\|^2}{2h^2}\right)$$

优化学习的目标函数由下式给出：

$$J=\min_\theta\left[\frac{1}{2}\sum_{i=1}^{n}(f_\theta(x_i)-y_i)^2+\frac{\lambda}{2}\|\theta\|^2+\frac{v}{4}\sum_{i,j=1}^{n+n'}w_{ij}(f_\theta(x_i)-f_\theta(x_j))^2\right] \tag{6-51}$$

式（6-51）中，前两项为正则化最小二乘学习，第三项为拉普拉斯特征映射学习。λ 为拉格朗日乘子，w_{ij} 为权重系数，v 是一个非负系数，用来调整流形学习的平滑性。将拉普拉斯矩阵的运算关系代入，则式（6-51）第三项可以得到如下结果：

$$\begin{aligned}&\sum_{i,j=1}^{n+n'}w_{ij}(f_\theta(x_i)-f_\theta(x_j))^2\\&=\sum_{i,j=1}^{n+n'}[D_{ii}f_\theta^2(x_i)-2w_{ij}f_\theta(x_i)f_\theta(x_j)+D_{jj}f_\theta^2(x_j)]\\&=2\sum_{i,j=1}^{n+n'}L_{ij}f_\theta(x_i)f_\theta(x_j)\end{aligned} \tag{6-52}$$

式（6-52）中，**D** 为度矩阵，D_{ii} 为度矩阵对角线元素。将式（6-52）代入式（6-51）可得到更为简洁的形式：

$$J = \min_{\theta}\left[\frac{1}{2}\|\mathbf{K\theta} - \mathbf{Y}\|^2 + \frac{\lambda}{2}\|\boldsymbol{\theta}\|^2 + \frac{v}{2}\boldsymbol{\theta}^T\mathbf{KLK\theta}\right]$$

对式（6－51）求导，可以得到

$$\boldsymbol{\theta} = (\mathbf{K}^2 + \lambda\mathbf{I} + v\mathbf{KLK})^{-1}\mathbf{KY}$$

有了上述准备后，就可以使用如下步骤构建拉普拉斯特征映射进行降维学习。

Step1：输入数据集样本，构建邻接图。

Step2：计算邻接图各边的权重，不相互连接的记为0；其他权重（核函数）取为：

$$w_{ij} = \exp\left(-\frac{\|x_i - x_j\|^2}{\sigma^2}\right)$$

计算拉普拉斯矩阵；

Step3：求解特征向量方程 $\mathbf{L}y = \lambda\mathbf{D}y$。

Step4：将原数据集中的数据进行特征映射降维，将最小的 n 个非零特征值对应的特征向量作为降维结果输出。

从广义的角度来看，拉普拉斯特征映射也是一种“等距”的映射。其思想是原数据集中相互之间有关联的点能够在进行降维后仍然保持尽可能地接近，能够反映出原数据集中数据的非线性流形结构。

三、局部线性嵌入

在处理非线性问题时，常常采用分段线性化的方法：将全局的非线性情况逐段进行分割，然后在局部小范围内进行线性化处理。局部线性嵌入（locally linear embedding，LLE）的降维方法与这种分段小范围线性化的思想很类似。这种方法将流形上的每个局部小范围进行线性化近似，并使用大量数据对其进行描述，这样一来，每个数据点都可以用其近邻数据的线性加权和（线性组合）来表示。距离该数据点远的数据样本对于局部的线性关系并没有影响。高维空间的线性关系映射到低维空间保持不变，仅仅是实现了维数的降低。

首先要确定局部邻域的大小。讨论原来高维数据空间中的点 x_i 与该点的 k 个近邻点的关系，可以使用最小二乘法获得其重构的权重系数 w_{ij}。可将均方差作为性能指标函数，有：

$$J(w)=\sum_{i=1}^{n}\left\|x_i-\sum_{j=1}^{k}w_{ij}x_j\right\|^2 \tag{6-53}$$

式（6－53）中，n 为高维空间中的数据点数，k 为高维空间中该点的邻接点。对权重系数 w_{ij}进行归一化，并作为约束条件。在约束条件的约束下，对上式的性能指标进行优化，求取权重的表达。将式（6－53）进行变形，有：

$$J(w)=\sum_{i=1}^{n}\left\|\sum_{j=1}^{k}w_{ij}x_i-\sum_{j=1}^{k}w_{ij}x_j\right\|^2=\sum_{i=1}^{n}\left\|\sum_{j=1}^{k}w_{ij}(x_i-x_j)\right\|^2 \tag{6-54}$$

根据范数的等价性，可以将上式中的范数看作 2－范数。为了计算方便，可以将式（6－54）写作向量/矩阵形式，有：

$$J(w)=\sum_{i=1}^{n}\mathbf{W}_i^T\mathbf{Y}_i\mathbf{W}_i \tag{6-55}$$

式（6－55）中，$\mathbf{Y}_i=(x_i-x_j)^T(x_i-x_j)$。在权重系数的约束条件下，并使用拉格朗日乘子法，可以求权重极值，有：

$$\left.\frac{\partial J'(w)}{\partial w}\right|_{w=0}=\frac{\partial\left(\sum_{i=1}^{n}\mathbf{W}_i^T\mathbf{Y}_i\mathbf{W}_i+\lambda(\mathbf{W}_i\mathbf{I}-\mathbf{I})\right)}{\partial w}=0 \tag{6-56}$$

求得 $\mathbf{W}_i=\lambda\mathbf{Y}_i^{-1}\mathbf{I}$。代入即可得到优化指标函数的值。

综上所述，局部线性嵌入学习的流程如下：

Step1：输入数据集样本，确定邻接数目，计算和原始数据集样本点最靠近的 k 个邻接点。

Step2：得到局部方差矩阵，并利用式（6－56）求出其权重系数。

Step3：求出最小特征值所对应的特征向量。

Step4：由相应的特征向量构建低维空间的样本数据。

直观得知，n 个邻接点可以生成 n－1 维空间，因此可以利用局部线性嵌入进行降维。n 的选择会影响学习的效果：如果 n 的值太小，可能会使邻接图不再连通；如果 n 选择的值太大，则局部线性的条件不成立，线性嵌入与原数据集相比就没有足够的相似度。局部线性嵌入是小范围、局部的线性，全局是用非线性的方法处理高维的数据，保证了原始数据集的基本结构。

与等距映射（ISOMAP）相比，局部线性嵌入保持了数据的局部结构。在降维学习过程中，首先考虑局部近邻点及邻域的信息；而等距映射则使原数据集中各数据点之间的测地线距离关系映射到低维空间中保持不变，等距映射更像是一种全局算法。

对于全局算法来讲，流形结构应该是凸的，这样才能保证降维算法对于那些距离较远的点的有效性。初始数据集上相距较远的点的测地线距离计算比较花费时间，可能会影响到计算的快速性。而对局部算法来讲，由于进行了局部划分，因此只考虑近邻点之间的关系，保证了局部结构不变。如果有非凸结构也不会影响到该方法的使用，有较强的适应性。从另一方面来讲，对于高维稀疏数据集，近邻区域如果不在一个平面上的话，则会产生比较大的误差。

需要指出的是，非线性流形学习需要在邻域中进行样本的密集采集，这样才能保持降维学习的有效性。但是这一点在很多情况下实施得并不是很理想，在很大程度上影响了流形学习的降维效果。

四、局部保持投影

局部保持投影（locality preserving projections，LPP）通过最好地保持一个数据集的邻居结构信息来构造投影映射，其思路和拉普拉斯特征映射类似，也是一种基于图论的方法。区别在于不是直接得到投影结果，而是求解投影交换矩阵。

假设有样本集 $\mathbf{x}_1,\mathbf{x}_2,\cdots,\mathbf{x}_m$，它们是 R^n 空间中的向量。这里的目标是寻找一个变换矩阵 A，将这些样本点映射到更低维的 R^l 空间，得到向量 $\mathbf{y}_1,\mathbf{y}_2,\cdots,\mathbf{y}_m$，使得 $\mathbf{y}_i$ 能够代表 $\mathbf{x}_i$，其中，$l \leqslant n$：

假设 $\mathbf{x}_1,\mathbf{x}_2,\cdots,\mathbf{x}_m \in M$，其中，M 是 R^l 空间中的一个流形。

目标函数与拉普拉斯特征映射相同，定义为：

$$\frac{1}{2}\sum_{i=1}^{m}\sum_{j=1}^{m}\|\mathbf{y}_i-\mathbf{y}_j\|^2 w_{ij}=\frac{1}{2}\sum_{i=1}^{m}\sum_{j=1}^{m}\|\mathbf{A}^T\mathbf{x}_i-\mathbf{A}^T\mathbf{x}_j\|^2 w_{ij}$$

所有矩阵的定义与拉普拉斯特征映射相同。投影变换矩阵为：

$$\mathbf{A}=[\mathbf{a}_1\quad \mathbf{a}_2\quad \cdots\quad \mathbf{a}_d]$$

即：

$$\mathbf{y}=\mathbf{A}^T\mathbf{x}$$

假设矩阵 X 为所有样本按照列构成的矩阵。根据与拉普拉斯特征映射类似的推导，这等价于求解下面的问题：

$$\min_{\mathbf{a}}\mathbf{a}^T\mathbf{XLX}^T\mathbf{a}$$

$$\mathbf{a}^T\mathbf{XDX}^T\mathbf{a}=1$$

通过拉格朗日乘数法可以证明，此问题的最优解是下面广义特征值问题的解：

$$\mathbf{XLX}^T\mathbf{a}=\lambda\mathbf{XDX}^T\mathbf{a}$$

下面给出局部保持投影算法的流程。

算法的第一步是根据样本构造图，这和拉普拉斯特征映射的做法相同，包括确定两个节点是否连通以及计算边的权重，在这里不再重复介绍。

第二步是特征映射，计算如下广义特征向量问题：

$$\mathbf{XLX}^T\mathbf{a}=\lambda\mathbf{XDX}^T\mathbf{a}$$

矩阵 X 是将样本按列排列形成的。假设上面广义特征向量问题的解为 $\mathbf{a}_0,\mathbf{a}_1,\cdots,\mathbf{a}_{l-1}$，它们对应的特征值满足：

$$\lambda_0<\lambda_1<\cdots<\lambda_{l-1}$$

要寻找的降维变换矩阵为：

$$\mathbf{x}_i\rightarrow\mathbf{y}_i=\mathbf{A}^T\mathbf{x}_i,\quad \mathbf{A}=(\mathbf{a}_0,\mathbf{a}_1,\cdots,\mathbf{a}_{l-1})$$

$\mathbf{y}_i$ 是一个 i 维的向量，**A** 是一个 $n\times l$ 的矩阵。对向量左乘矩阵 **A** 的转置即可完成数据的降维。

五、随机近邻嵌入

随机近邻嵌入（stochastic neighbor embedding，SNE）基于如下思想：在高维空间中距离很近的点投影到低维空间中之后也要保持这种近邻关系，在这里邻居关系通过概率体现。假设在高维空间中有两个样本点 $\mathbf{x}_i$ 和 $\mathbf{x}_j$，$\mathbf{x}_j$ 以 $p_{j|i}$ 的概率作为 $\mathbf{x}_i$ 的邻居，将样本之间的欧氏距离转化成概率值，借助于正态分布，此概率的计算公式为：

$$p_{j|i} = \frac{\exp(-\|\mathbf{x}_i - \mathbf{x}_j\|^2/2\sigma_i^2)}{\sum_{k \neq i} \exp(-\|\mathbf{x}_i - \mathbf{x}_k\|^2/2\sigma_i^2)} \tag{6-57}$$

其中，σ_i 表示以 $\mathbf{x}_i$ 为中心的正态分布的标准差。式（6－57）中除以分母的值是为了将所有值归一化成概率。由于不关心一个点与它自身的相似度，因此 $p_{j|i}=0$。投影到低维空间之后仍然要保持这个概率关系。假设 $\mathbf{x}_i$ 和 $\mathbf{x}_j$ 投影之后对应的点为 $\mathbf{y}_i$ 和 $\mathbf{y}_j$，在低维空间中对应的近邻概率记为 $q_{j|i}$，计算公式与上面的相同，但标准差统一设为 $1/\sqrt{2}$，即，

$$q_{j|i} = \frac{\exp(-\|\mathbf{y}_i - \mathbf{y}_j\|^2)}{\sum_{k \neq i} \exp(-\|\mathbf{y}_i - \mathbf{y}_k\|^2)} \tag{6-58}$$

上面定义的是点 $\mathbf{x}_i$ 与它的一个邻居点的概率关系，如果考虑所有其他点，这些概率值构成一个离散型概率分布 P_i，是所有其他样本点成为 $\mathbf{x}_i$ 的邻居的概率。在低维空间中对应的概率分布为 Q_i，投影的目标是这两个概率分布尽可能接近，因此，需要衡量两个概率分布之间的相似度或差距。在机器学习中一般用 KL（Kullback-Leibler）散度衡量两个概率分布之间的距离，在生成对抗网络、变分自动编码器中都有它的应用。假设 x 为离散型随机变量，p(x)和 q(x)是它的两个概率分布，KL 散度定义为：

$$KL(p\|q) = \sum_x p(x)\ln\frac{p(x)}{q(x)} \tag{6-59}$$

KL 散度不具有对称性，即一般情况下 $KL(p\|q) \neq KL(q\|p)$，因此不是距离。KL 散度是非负的，如果两个概率分布完全相同，有极小值 0。对于连续型随机变量，则将求和换成定积分。

由此得到投影的目标为最小化如下函数：

$$L(\mathbf{y}_i)=\sum_{i=1}^{l}KL(P_i \mid Q_i)=\sum_{i=1}^{l}\sum_{j=1}^{l}p_{j\mid i}\ln\frac{p_{j\mid i}}{q_{j\mid i}} \tag{6-60}$$

这里对所有样本点的 KL 散度求和，l 为样本数。把概率的计算公式代入 KL 散度，可以将目标函数写成所有 $\mathbf{y}_i$ 的函数。该问题可以用梯度下降法进行求解。目标函数对 $\mathbf{y}_i$ 的梯度为：

$$\nabla_{y_i}=2\sum_{i}(\mathbf{y}_i-\mathbf{y}_j)(p_{i\mid j}-q_{i\mid j}+p_{j\mid i}-q_{j\mid i}) \tag{6-61}$$

计算出梯度之后可用梯度下降法迭代，得到的最优 $\mathbf{y}_i$ 值即为 $\mathbf{x}_i$ 投影后的结果。

六、t 分布随机近邻嵌入

虽然 SNE 有较好的效果，但训练时难以优化，而且容易导致拥挤问题（crowding problem）。t 分布随机近邻嵌入（t-distributed Stochastic Neighbor Embedding，t-SNE）是对 SNE 的改进。t-SNE 采用对称的概率计算公式，另外在低维空间中计算样本点之间的概率时使用 t 分布代替了正态分布。

在 SNE 中 $p_{i\mid j}$和 $p_{j\mid i}$是不相等的，因此概率值不对称。可以用两个样本点的联合概率替代它们之间的条件概率解决此问题。在高维空间中两个样本点的联合概率定义为：

$$p_{ij}=\frac{\exp(-\|\mathbf{x}_i-\mathbf{x}_j\|^2/2\sigma^2)}{\sum_{k\neq l}\exp(-\|\mathbf{x}_k-\mathbf{x}_l\|^2/2\sigma^2)} \tag{6-62}$$

显然这个定义是对称的，即 $p_{i\mid j}=p_{j\mid i}$。同样地，低维空间中两个点的联合概率为：

$$q_{ij}=\frac{\exp(-\|\mathbf{y}_i-\mathbf{y}_j\|^2)}{\sum_{k\neq i}\exp(-\|\mathbf{y}_k-\mathbf{y}_l\|^2)} \tag{6-63}$$

目标函数采用 KL 散度，定义为：

$$L(\mathbf{y}_i)=D_{KL}(P \mid Q)=\sum_{i=1}^{l}\sum_{j=1}^{l}p_{ij}\ln\frac{p_{ij}}{q_{ij}} \tag{6-64}$$

但这样定义联合概率会存在异常值问题。如果某一个样本 $\mathbf{x}_i$ 是异常点，即离其他点很远，则所有的 $\|\mathbf{x}_i-\mathbf{x}_j\|^2$ 都很大，导致与 $\mathbf{x}_i$ 有关的 p_{ij} 很小，从而导致低维空间中的 $\mathbf{y}_i$ 对目标函数影响很小。解决方法是重新定义高维空间中的联合概率，具体为：

$$p_{ij}=\frac{p_{j|i}+p_{i|j}}{2n} \tag{6-65}$$

其中，n 为样本点总数。这样能确保对所有的 $\mathbf{x}_i$ 有 $\sum_j p_{ij}>\frac{1}{2n}$，因为，

$$\sum_j p_{ij}=\frac{\sum_{j=1}^{n}p_{j|i}+\sum_{j=1}^{n}p_{i|j}}{2n}=\frac{1+\sum_{j=1}^{n}p_{i|j}}{2n}>\frac{1}{2n} \tag{6-66}$$

因此每个样本点都对目标函数有显著的贡献。目标函数对 $\mathbf{y}_i$ 的梯度为：

$$\nabla_{y_i}L=4\sum_j(p_{ij}-q_{ij})(\mathbf{y}_i-\mathbf{y}_j) \tag{6-67}$$

这种方法称为对称 SNE。

对称 SNE 虽然对 SNE 做了改进，但还存在拥挤问题，各类样本降维后聚集在一起而缺乏区分度。解决方法是用 t 分布替代高斯分布，计算低维空间中的概率值。相比于正态分布，t 分布更长尾，对异常点更健壮。如果在低维空间中使用 t 分布，则在高维空间中距离近的点，在低维空间中距离也要近；但在高维空间中距离远的点，在低维空间中距离要更远。因此，可以有效地拉大各个类样本之间的距离。使用 t 分布之后，低维空间中的概率计算公式为：

$$q_{ij}=\frac{(1+\|\mathbf{y}_i-\mathbf{y}_j\|^2)^{-1}}{\sum_{k\neq l}(1+\|\mathbf{y}_k-\mathbf{y}_l\|^2)^{-1}} \tag{6-68}$$

目标函数同样采用 KL 散度。采用梯度下降法求解，目标函数对 $\mathbf{y}_i$ 的梯度为：

$$\nabla_{y_i}L=4\sum_j(p_{ij}-q_{ij})(\mathbf{y}_i-\mathbf{y}_j)(1+\|\mathbf{y}_i-\mathbf{y}_j\|^2)^{-1} \tag{6-69}$$

同样地，求得梯度之后可以用梯度下降法进行迭代从而得到 $\mathbf{y}_i$ 的最优解。

第三节　多类数据特征选择与提取

多类数据特征选择与提取是一种降维学习，但其也具有自身的特点。除了降维效果之外，主要是需要对于多类数据提取其特征，既包含从原来的数据集中筛选其固有特征，也包含根据数据集自身的特点归纳总结出“新”的特征（这一点与因子分析有些类似）。特征提取的算法主要基于对多类数据进行适当的变换或映射，而特征选择是要从一组特征中，选择最能够代表原来数据集的主要、有效特征。

一、特征提取

特征选择与提取涉及对数据相似性的对比，这就涉及分类的问题。对于特征的区分，通常的做法是考量其“距离”，根据其相距的“远近”来进行分析。但是在实际的工作中，常常存在特征识别的错误，也就是错误的分类，因此需要对出现错误分类的概率进行评价，这就涉及了基于散度准则的特征提取、基于熵最小化准则的特征提取等。

（一）基于散度准则的特征提取

多类数据的特征提取与选择可以先简化为两类数据的情况。对于两类数据，首先设两类数据服从正态分布，其概率密度函数为 $p(X_1)$、$p(X_2)$，期望分别为 μ_1、μ_2，方差为 Σ_1、Σ_2。可得到其对数似然比为：

$$l_{1,2}=\frac{1}{2}\ln\left|\frac{\Sigma_2}{\Sigma_1}\right|-\frac{1}{2}tr[\Sigma_1^{-1}(x-\mu_1)(x-\mu_1)^T]+\frac{1}{2}tr[\Sigma_2^{-1}(x-\mu_2)(x-\mu_2)^T] \tag{6-70}$$

定义其类间的散度矩阵为：

$$J = \int (p(x_1) - p(x_2)) l_{1,2}$$
$$= \frac{1}{2}\mathrm{tr}\left(\sum_1^{-1} \sum_2 + \sum_2^{-1} \sum_1 - \mathbf{I} \right) + \frac{1}{2}(\mu_1 - \mu_2)^{\mathrm{T}} \left(\sum_1^{-1} + \sum_2^{-1} \right) (\mu_1 - \mu_2) \quad (6-71)$$

在两类数据的均值相等、方差不等的情况下，有：

$$J = \frac{1}{2}\mathrm{tr}(\mathbf{\Lambda} + \mathbf{\Lambda}^{-1} - 2\mathbf{I}) = \frac{1}{2}\sum_{i=1}^{n}\left(\lambda_i + \frac{1}{\lambda_i} - 2\right) \quad (6-72)$$

式（6－72）中，$\mathbf{\Lambda}$ 为 $\Sigma_1^{-1}\Sigma_2$ 的特征值矩阵。然后按照下式排序：

$$\lambda_1 + \frac{1}{\lambda_1} \geqslant \lambda_2 + \frac{1}{\lambda_2} \geqslant \cdots \geqslant \lambda_n + \frac{1}{\lambda_n} \quad (6-73)$$

可以将前 k 个特征向量作为特征提取的依据。

对于多重分类的情况，可以先求出一个候选集合，然后根据搜索算法逐一求出。

（二）基于熵最小化准则的特征提取

“熵”在热力学和信息论中都是很重要的一个概念，用来表示混乱或者不确定性的程度。在特征提取的范畴内也用来衡量数据的特征差别。设给定的标准分布为 $w(x_i)$，而某多维数据集的概率分布函数为 $p(x_i)$，则其偏离标准分布的程度可以用熵来表示，即，

$$H(p,w) = -\sum p(x_i)\log\left[\frac{p(x_i)}{w(x_i)}\right] \quad (6-74)$$

由式（6－74）可知，熵是个非负数。熵越小说明整个数据集与标准分布的差别越大，而数据集与标准分布相同时，熵达到最大值（即为0）。对于两类分布，可以定义判别熵：

$$V(p,q) = H(p,q) + H(q,p) \quad (6-75)$$

在进行特征提取时，利用判别熵对数据间的分离程度进行衡量：在给定的数据集中，求取其特征使得判别熵能够达到最小，以便分离出其数据集中的特征。

二、特征选择

在提取数据集的特征后，就需要对提取出的特征进行选择，从而进一步进行数据降维。这样就要求从提取出的特征中再次选出最能够代表数据集的特征。在这个过程中需要解决两个问题：其一是选择的标准；其二是合适的算法。在前面的一些算法中，往往会将特征值进行排序。那么最大的特征值（或者特征值组合）是否最能够代表数据集的特征呢？一般来讲很难达到这样的效果，需要对其进行筛选得出最优解。这就涉及优化搜索的算法。

（一）分支定界算法

分支定界算法是一种自上而下的优化算法，搜索的过程是一种树形搜索。设从数据集中所提取的特征数目为 D，而最终选择的特征数目为 d。在开始搜索时，每次进行筛选就去掉一个特征，然后逐级进行迭代，这样总共进行 D－d 级搜索，而每次进行完搜索后其可分性判据是单调递减的。如果发现单调性发生变化，则该节点下的特征数据就可以略去。图 6－4 是该算法的简要流程图。

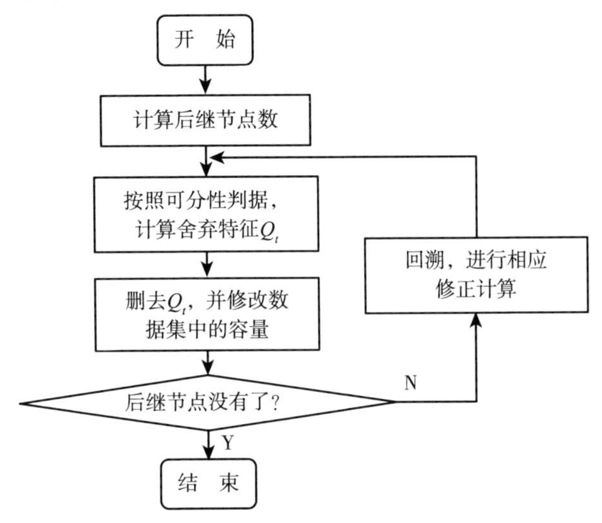

图 6－4　分支定界算法简要流程

分支定界法具有穷举效率高、可回溯运算的特点，但是在某些情况下计算量很大，在算法实现上有一定的困难。因此在实际应用中还常常用到很多次优搜索的算法。

（二）单独最优特征组合方法

根据提取的各个特征单独使用时的判据值进行排列，取前 n 个作为选择结果，称为单独最优特征组合方法。当然这样做不一定能获得全局最优的结果，但在一定程度上体现了次优的特性。

（三）顺序前进法

顺序前进法是一种自下向上的搜索算法。在算法进行时，每次从未入选的特征中选一个特征加入现有的特征，然后使所得到的可分性判据最大，最后达到要求的特征选择数量为止。这种方法考虑了新选择特征与已选特征的相关性，与单独特征组合方法相比有较大的优势，但其缺点在于无法进行回溯运算和非优剔除。当然这种方法也可以一次性加入多个特征，为广义顺序前进法。

（四）顺序后退法

顺序后退法是顺序前进法的逆方法，每次剔除一个或几个特征，直至达到要求为止。

（五）增减代序法

将顺序前进法和顺序后退法两种方法相互结合起来，一次性选入 n 个特征，然后再剔除 m 个特征；或者逐次进行，称为增减代序法。这样既考虑到了入选和剔除特征的相关性，又可以控制计算量的规模。

数据维度归约是要在保持原有数据集基本特征的条件下，尽最大可能地缩减数据量，提取数据集的本质特点，并能够对这些特点进行理解和解释。也就是说，不仅要使数据维度降低，而且在对大量的数据进行归约后，能够获取这些数据集的特点，这在模式识别领域有很重要的意义。

第七章

关联规则和协同过滤

第一节　关联规则概述

一、关联规则的定义

关联规则挖掘可以发现交易数据库中各项目（items）或属性（attributes）之间的有趣联系，这些联系是预先未知的，不能通过数据库的逻辑操作或统计方法得到，因为它们不是基于数据自身的固有属性，而是基于数据项目的同时出现的特征。关联规则的特点是形式简洁、易于解释和理解，并可以有效地捕捉数据间的重要关系。

理论上，关联规则挖掘是指从一个大型数据集（data set）中发现，有趣的关联（association）或相关（correlation）关系，即从数据集中识别出频繁出现的属性值集（sets of attribute value），也称为频繁项集（frequent item sets，简称频繁集），然后再利用这些频繁集创建描述关联关系的规则过程。

关联规则挖掘问题可以形式化描述如下：

事务：设 $I=\{i_1, i_2, \cdots, i_m\}$ 是由 m 个不同项目（属性）组成的集合，$i_k(k=1,2,\cdots,m)$ 称为项目（Item）。DB 为针对 I 的事务数据库，其中每个

事务 T 是 I 中一组属性的集合，即 $T \subseteq I$，并有一个唯一的顾客标识符 TID。

项集 X 的支持度 Support(X)：项集 X 的支持度表示项集 X 的重要性。若项集 $X \subseteq I$ 且 $X \subseteq T$，则称事务 T 支持项集 X 或包含项集 X。事务数据库 DB 中支持项集 X 的事务数称作项集 X 的支持数，用 X. Count 表示。设 $|DB|$ 为事务数据库中记录的总数，则项集 X 的支持度为：$Support(X) = X.Count/|DB|$。

最小支持度：发现任务所要求的最小支持度，只有满足最小支持度的项集才有可能在关联规则中出现，这些项集称为频繁项集或大项集（large item set）。设 $|DB|$ 为事务数据库中记录的总数，对于长度为 k 的项集 X，如果 $X.Support \geq S_{min} \times |DB|$，则称项集 X 为大 k－项集，否则为弱 k 项集。所有大 k－项集的集合称为大项集，而所有的弱 k 项集的集合称为弱项集。

规则置信度：规则置信度表示规则的可靠性程度。对于关联规则 R：$X \Rightarrow Y$，其中 $X \subseteq I$，$Y \subseteq I$，$X \cap Y = \varnothing$，规则 R 的置信度 $Confidence(R) = Support(X \cup Y)/Support(X)$。

关联规则的挖掘问题就是在事务数据库 DB 中找出所有满足用户给定的最小支持度 S_{min} 和最小置信度 C_{min} 条件的关联规则。一条关联规则就是形如 $X \Rightarrow Y$ 的蕴涵式，其中 $X \subseteq I$，$Y \subseteq I$，$X \cap Y = \varnothing$。

关联规则 $X \Rightarrow Y$ 成立的条件是：

（1）它具有支持度 s，即事务数据库 DB 中至少有 s% 的事务包含 $X \cup Y$；

（2）它具有置信度 c，即在事务数据库 DB 中包含 X 的事务至少有 c% 同时也包含 Y；习惯上我们将关联规则表示为：$X \Rightarrow Y((s\%, c\%))$。

挖掘关联规则问题可以分解为以下两个子问题：

（1）找出事务数据库 DB 中的大项集，用 L 表示；

（2）利用大项集 L 生成关联规则。对于任意大 k－项集 A，若有 $B \subset A$，$B \neq \varnothing$，且 $A.Sup/B.Sup \geq C_{min}$，则有关联规则 $B \Rightarrow (A-B)$。

由于第（2）个问题相对比较简单和直观，阿格拉沃尔等（R. Agrawal et al.）已经提出了很好的算法，而问题（1）是关联规则挖掘的核心所在，目前大多数的研究工作主要都集中在这一子问题上。

二、关联规则的分类

按照不同情况，关联规则可以进行如下分类。

（一）基于规则中所处理变量的类别

根据规则中所处理变量的类别，关联规则可以分为布尔（Bool）型关联规则和数值型关联规则。布尔型关联规则处理的值都是离散的、种类化的，它显示了这些变量之间的关系；而数值型关联规则可以和多维关联规则或多层关联规则结合起来，对数值型字段进行处理，将其进行动态分割，或者直接对原始的数据进行处理。当然，数值型关联规则中也可以包含种类变量，例如：性别 = “女” ⇒职业 = “秘书” 是布尔型关联规则；性别 = “男” ⇒avg（收入）= 3000，涉及的收入是数值类型，所以是一个数值型关联规则。

（二）基于规则中数据的抽象层次

根据规则中数据的抽象层次，可以分为单层关联规则和多层关联规则。在单层关联规则中，所有的变量都没有考虑到现实数据是具有多个不同的层次的；而在多层关联规则中，对数据的多层性已经进行了充分考虑。例如：IBM 台式机⇒Sony 打印机，是一个细节数据上的单层关联规则；台式机⇒Sony 打印机则是一个较高层次和细节层次之间的多层关联规则。

（三）基于规则中所涉及数据的维数

根据规则中所涉及数据的维数，关联规则可以分为单维的和多维的。在单维的关联规则中，我们只涉及数据的一个维，如用户购买的物品。例如：下面这条规则只涉及用户购买的物品，是单维关联规则：“啤酒” ⇒ “尿布”。而在多维的关联规则中，要处理的数据将会涉及多个维，要处理多维数据，涉及多个变量。例如下面这条关联规则同时涉及三个维，分别为年龄维、收入维和购买物品维，因而是一条多维关联规则：“年龄 20 - 30，月收入≥3000⇒买电脑”。由此可见，单维关联规则用来处理单个属性中的一些关系，而多维关联规则用来处理各个属性之间的某些关系。

三、关联规则的发现步骤

关联规则的发现问题实质上是在满足用户给定的最小支持度的大项集中，找出所有满足最小置信度要求的关联规则。当事务数据库 DB 非常大的情况下，这一问题显得十分复杂。所有的发现算法无论其采用何种数据结构、其复杂程度以及效率如何，它们都可以分为以下六个步骤。

（一）预处理与发现任务有关的数据

这个阶段也称为数据过滤阶段。知识发现的第一步就是选择合适的目标数据集。用户可以通过使用知识模板或数据选择与可视化工具来引导该过程。系统因此可将学习过程聚焦在与发现目标相关的数据上，筛选掉不必要的数据。由于所涉及的数据集往往十分庞大，数据采样在许多情况下是对数据进行初步处理的一种有效方法。如果需要，在采样基础上所发现的结果可以在整个数据集上进行验证测试。数据过滤阶段的输出是用于数据测试的数据子集和约简了的规则空间。根据具体问题的要求对事务数据库进行相应的过滤操作，从而构成规格化后的事务数据库 DB。

（二）规则约束条件的设定

规则约束条件的设定也称为模式过滤，是知识发现的第二阶段。知识发现系统在该阶段借助模板或其他类型的选择工具来定义待发现规则的类型。这些工具通常以适当的用户交互界面面向用户提供可用的规则类型和属性值等形式协助用户构造模式。实际上，大多数系统只能学习有限个不同类型的规则。所以规则类型可进一步优化以符合系统的限制。可以在规则的前件和后件中指示肯定包含或肯定不包含的属性值，或可能包含的最大合取项的个数。

（三）统计过滤

规则空间在数据挖掘的第三阶段是根据统计方法进一步过滤。尽管从数据库中发现的规则也许能满足用户指定的模式，但其中相当一部分规则在统计意义上可能并不重要。因此，统计过滤阶段的目标是删除那些在统计意义上不重要的规则。用户可以通过设置适当的统计参数或选择适当的技术来参与该阶段。传统的统计技术是评价规则的基础。在关联规则的挖掘过程中，这一阶段就是针对给定的目标数据集 DB，发现满足用户设定的最小支持度阈值的大项集 L。在一般情况下，由于目标数据集相当庞大，因而统计过滤阶段是整个数据挖掘系统的核心。

（四）语义过滤

通过前面数据过滤、模式过滤和统计过滤三个阶段后，用户可以生成所有满足最小置信度的关联规则，形成规则集。但是其中相当一部分从语义上看可能并没有什么意义或不太令人感兴趣，甚至是冗余的。例如规则：任何男性从不怀孕。该规则显然满足所要求的模式，并且具有很强的统计支持，但它是人人皆知的常识，因而对决策没有任何特别的价值。语义过滤就是要设法删除在语义上没有意义的规则。语义过滤主要是用于决策支持和知识库构造这些强调语义的领域。

（五）规则的评估和解释

通常用户可以在经过上述几个阶段后所生成的规则集中选择感兴趣的规则，然后以适当的形式或方法表达所选择的规则，形成最后的规则集。

（六）规则的用户化呈现

该阶段主要采用可视化工具面向用户可视地显示数据挖掘的最终结果。或者也可以将关联规则的挖掘过程分为三个相对简单的过程：预处理阶段、规则发现阶段和后处理阶段。

1. 预处理阶段

该阶段主要负责理解用户的发现意图，为进一步的规则发现活动准备好相关的数据。它包括接收并理解用户的发现要求，描述用户的发现任务，利用数据库和系统字典提取出所有相关的数据并加以整理，形成初始知识模板。预处理阶段相当于前面的数据过滤和模式过滤阶段。

2. 规则发现阶段

规则发现阶段对应于前面的统计过滤阶段，是整个挖掘过程的核心部分。

3. 后处理阶段

后处理阶段包括了语义过滤阶段、规则评估阶段和规则的可视化呈现阶段。后处理阶段的结果是以多种面向用户的形式输出用户关心的关联规则，包括数据表格、各种统计图形和准自然语言的发现报告等。

关联规则挖掘步骤可以用图 7－1 来表示。

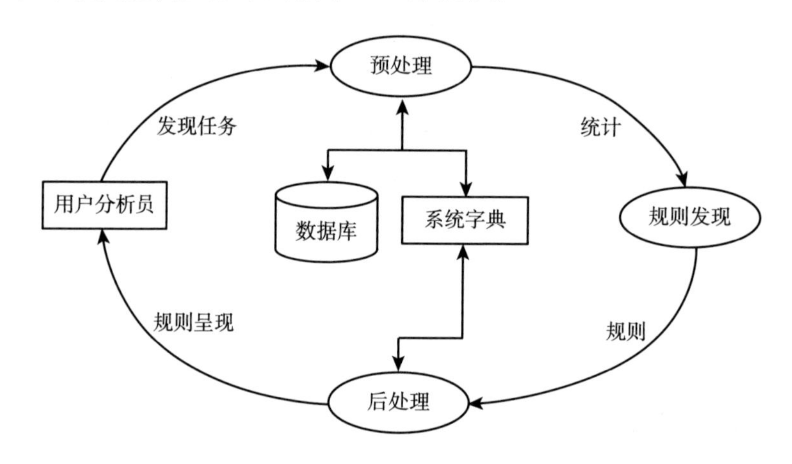

图 7－1　关联规则挖掘步骤

如前所述，阿格拉沃尔等（Agrawal et al.，1993）将关联规则挖掘问题分解为两个子问题，但我们可以看到将关联规则按上述五个阶段进行划分更加合理。数据过滤和模式过滤为规则的挖掘进行了有效的数据准备，从而避免了盲目的挖掘。规则的评估和解释使用户能够更加容易地理解和应用挖掘得到的规则。而规则的用户化呈现则是通过可视化的形式向用户显示最终的挖掘结果。

四、关联规则挖掘算法

关联规则的挖掘算法主要可以分为以下几个方面。

（1）利用频繁项集向下封闭性质（Apriori 性质）的 Apriori 系列算法。主要有：经典关联规则挖掘算法 Apriori 算法；对事务项集进行重组预选的

AprioriTid 算法；用 Hash 表进行事务项集重组的 DHP 算法等。

（2）利用对事务数据库划分来提高效率算法。包括基于采样的算法；基于分割（Partition）方；阿格拉沃尔等提出的并行算法 CD（count distribution）、Cad（candidate distribution）、DD（data distribution）等。

（3）挖掘全部频繁项集而不产生候选的算法。当前主要是频繁模式增长算法（frequent-pattern growth）。它通过 FP 树来存储所有的频繁模式信息，通过分析 FP 树路径的条件模式基来得到所有的频繁项集。

（4）遗传算法。这是一种崭新的数据挖掘算法，但它是针对具体问题的。处理每一个具体问题都必须设计合理的编码策略和适应度函数等。

不论关联规则算法有多少，都可以归纳为两类：一类是产生频繁集候选项的算法；另一类是不产生频繁集候选项的算法。对于前者，大多数算法利用 Apriori 性质对候选项集的数目进行压缩，虽然效果非常明显，但在频繁模式较长时，候选频繁项集的数目是十分惊人的。同时，该类算法还有两种开销，一是 Apriori_gen 过程中要进行大量的自连接，二是要多次重复扫描数据库，I/O 开销非常巨大。对于不产生候选项集的算法，如当前比较成熟的 FP 增长算法，虽然较 Apriori 类算法有较大性能的提高，但它仍然存在着一定的缺点：大量 FP 树节点链接增加数据结构的复杂度和资源的占用，树枝伸展的无序将降低模式检索和挖掘的效率，通过条件模式基的分析产生，频繁模式仍然需要大量的连接操作。

第二节　关联规则的经典算法

一、Apriori 算法

解决关联规则问题的原始算法是阿格拉沃尔等提出的 AIS 算法，但该算法在实际应用过程中表现出的性能较差。于是在先前研究的基础上，阿格拉沃尔等又对 AIS 算法进行了改进，并于 1994 年提出了 Apriori 算法，该算法成为关联规则挖掘领域最具影响力的算法之一。像 AprioriTid、AprioriHybrid、DHp、DIC 算法皆是依据 Apriori 算法进行的改进或延伸，直到现在 Apriori 算法仍被广泛研究与改进应用。

（一）Apriori 算法思想

Apriori 算法使用重复迭代的方法，从 1－项集开始，根据给定的支持度阈值 minsup 将频繁的 1－项集剪枝，找到频繁 1－项集 L_1。根据先验原理：若某个项集是频繁的，那么其所有子集必定也是频繁的。所以在产生候选 2－项集，记做 C_2 的时候就可以直接使用频繁 1－项集 L_1 来产生就可以了。产生候选 2－项集之后再根据给定的 minsup 对候选 2－项集 C_2 进行剪枝，产生频繁 2－项集 L_2。依次类推，根据 L_2 产生 C_3，将 C_3 剪枝产生 L_3，……，直到产生最多项的频繁项集 L_K 为止。Apriori 算法挖掘规则的过程也可分为两步来实现：

① 找到数据集中的所有频繁项集 L。

② 从频繁项集 L 中提取出强规则。

其中①步是 Apriori 算法的关键所在，是决定此算法性能是否优良的评价关键，②步的实现相对比较简单。目前对于 Apriori 算法的改进方法也大多数是针对①步。①步的实现可以再细分为两个操作。第一个操作是产生候选项集 C，第二个操作是将已产生的候选项集 C 根据 minsup 进行剪枝，找到频繁项集 L。

其中候选项集的产生也有很多实现方法，常见的主要有：蛮力方法、$F_{k-1} \times F_1$ 方法和 $F_{k-1} \times F_{k-1}$ 方法等。

1. 蛮力方法

如果需要产生候选 k－项集，蛮力方法就会将所有的 1－项集进行排列组合，列出所有可能的候选项集。如果有 n 个 1－项集，则会产生 C_n^k 个候选项集，然后剪掉一部分不必要的候选项集。由此可见，虽然此方法候选项集的产生非常简单但是操作起来十分复杂，因为剪枝时要考察的候选数量实在太大。

2. $F_{k-1} \times F_1$ 方法

此方法是利用 L_{k-1} 与 L_1 组合来产生候选 k－项集 C_{k-1}。图 7－2 展示了如何利用此方法将频繁 2－项集与频繁 1－项集组合产生候选 3－项集的过程。

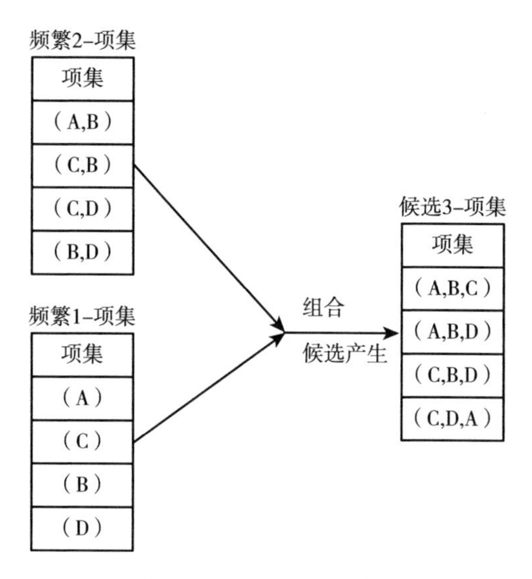

图 7-2　通过合并 L_{k-1} 与 L_1 得到候选 k-项集 C_k

但是由于此方法中的 L_k 是由 L_{k-1} 与 L_1 组合产生的，因此不可避免的会产生重复候选项集。

3. $F_{k-1} \times F_{k-1}$ 方法

此方法中候选 k-项集是由合并一对频繁(k-1)-项集得到的，并且这一对频繁(k-1)项集要满足前 k-2 个项是相同的。即令 $A=\{a_1,a_2,\cdots,a_{k-1}\}$ 和 $B=\{b_1,b_2,\cdots,b_{k-1}\}$，当它们满足以下条件时，合并 A 和 B：

$$a_i=b_i \quad (i=1,2,3,\cdots,k-2)\text{并且 } a_{k-1}\neq b_{k-1}$$

图 7-3 展示了如何利用此方法将一对频繁 2-项集组合产生候选 3-项集的过程。

由于此方法是合并一对频繁(k-1)-项集得到候选 k-项集，所以需要在合并之前需要增加一步来确保此对频繁(k-1)-项集的前(k-2)项是相同的。

Apriori 算法的频繁项集产生过程有两个重要的特点：第一，它的过程是一个逐层迭代（level-wise）的过程，即从频繁 1-项集到项数最多的频繁项集，每次产生新的频繁项集都需要遍历一遍事务集；第二，它使用生成——剪枝的规则来产生频繁项集。在每次迭代产生新的候选项集时都要使用上一次发现的频繁项集，然后计算每一个候选项集的支持度计数，再与给定的支持度阈值进行比较，删除支持度小于支持度阈值的候选项集。

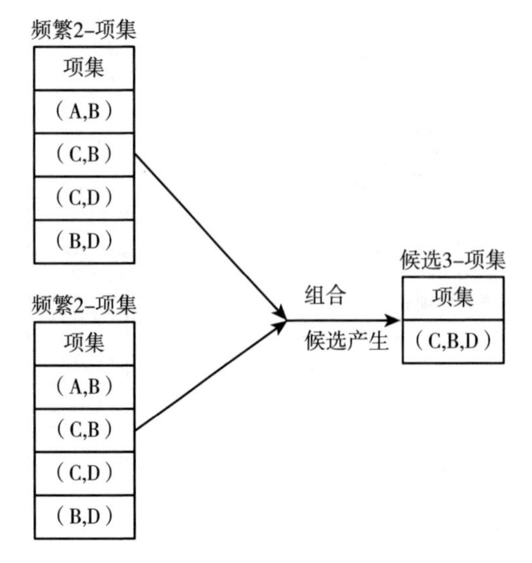

图 7－3　通过合并一对频繁（k－1）项集 L_{k-1} 得到候选 k－项集 C_k

（二）Apriori 算法描述

图 7－4 为 Apriori 算法的流程图。

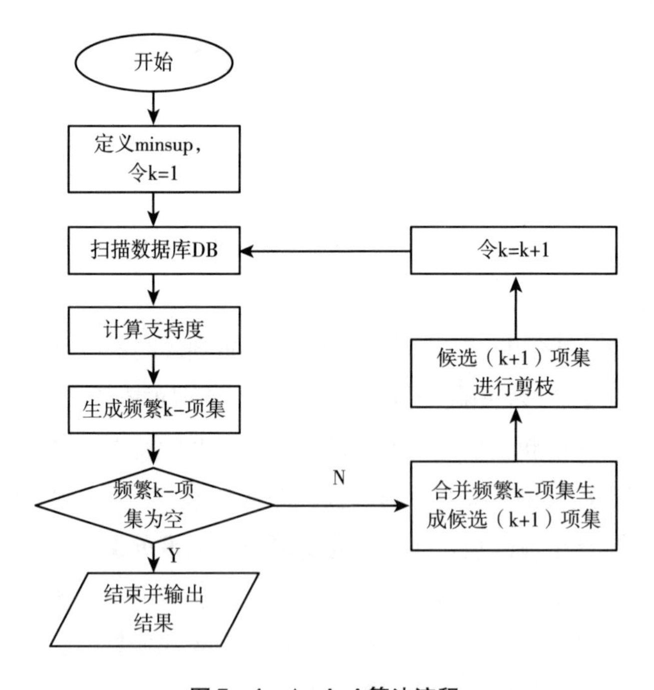

图 7－4　Apriori 算法流程

Apriori 算法的具体实现步骤如图 7－5 所示：

```
1.k=1
2.F_k={i|i∈I Δ σ({i})≥N×minsup}
3.repeat
4.k=k+1
5.C_k=Apriori-gen（F_{k-1}）
6.for 每个事物 t∈T do
7.  C_t=subset（C_k， t）
8.    for 每个候选项集c∈C_t do
9.       σ(c)=σ(c)+1
10.   end for
11.end for
12.F_k={c|c∈C_k Δ σ(c)≥N×minsup}
13.until F_k=∅
14.Result=∪F_k
```

图 7－5　Apriori 算法的具体实现步骤

令 C_k 为候选 k－项集的集合，而 F_k 为频繁 k－项集的集合。

输入：DB，minsup；

输出：result＝所有的频繁项集 L_k 和它们的支持度。

（1）Apriori 算法首先在步骤 1 和 2 中扫描一遍数据集 D 确定事务库中每个项的支持度，在此步中可以通过每个项的支持度计数与给定的最小支持度阈值的比较获得所有频繁 1－项集的集合 L_1。

（2）在步骤 5 中，Apriori 算法将连接上一次迭代获得的频繁(k－1)－项集产生新的候选 k－项集，其中 Apriori-gen 函数用来产生候选项集。其中 Apriori-gen 函数的作用就是上述中利用一对频繁(k－1)－项集生成候选 k－项集。

（3）步骤 6～步骤 10 中，算法多次扫描数据集计算候选项集的支持度。使用子集函数确定包含在每一个事物 t 中的 C_k 中的所有候选 k－项集。

（4）计算候选项集的支持度计数之后，算法将删去支持度计数小于支持度阈值的所有候选项集（步骤 12）。

（5）当找到最长频繁项集，没有新的频繁项集产生，即 $F_k=\varnothing$时，算法结束。

（三）Apriori 算法性能分析

Apriori 算法首先思想简单，操作不复杂，也没有过于繁复的公式推导过程，简单易懂，实现也较为容易，其次它在候选项集产生的过程中就已经进行了一部分的剪枝，减少了一部分不必要的候选项集的出现，减少了之后的部分剪枝工作。但是在处理一些项集较多且长度较长，给定的支持度阈值较小时，此算法还是有些力不从心。

（1）在规则产生过程中，算法必须反复地扫描事务库，尤其是在项集较长的情况下，算法需要将 k－候选项集 C_k 中的每个子集逐个扫描匹配，检查其是否属于 L_{k-1}，若有一个子集不属于 L_{k-1} 就可将其剪枝。但是此操作必然会引起巨大的计算量，对 I/O 负载造成巨大的压力且容易使得算法运行时间过长，效率低下。

（2）在将 L_{k-1} 组合生成 C_k 的过程中产生很多候选项集，并且随着初始 1－项集的不断增多而增多，且增多速度很快。例如当有 5 个频繁 1－项集时组成的 C_2 中会包含 10 个项，当频繁 1－项集的数目达到 1000 时 C_2 中包含的项就会达到 C_{1000}^2 个，而当频繁 1－项集的数目达到 10000 时 C_2 中包含的项的数目就会超过 10^7。如果需要挖掘的候选项集所含的项数较多的话这个计算量是非常惊人的。

（3）难以发现低于支持度阈值的频繁项集。因为在整个算法的操作过程中，自始至终都是以给定的支持度阈值为参考来进行剪枝，因此低于支持度阈值的候选项集一律被视为小概率事件被删除。但是这些小概率事件中也可能隐含着有价值的信息，但是如果降低支持度阈值则会使候选项集的数目变得更加庞大，计算效率问题将难以解决。

（4）由于 Apriori 算法使用了 Apriori-gen 函数，即采用了合并一对 L_{k-1} 来形成 C_k 的方法，且合并的这对 L_{k-1} 必须满足条件：它们的前 k－2 必须相同且最后一项不同。因此在合并一对 L_{k-1} 产生 C_k 之前必须对此对 L_{k-1} 的前 k－2 项进行比较，且要保证第 k－1 项是不同的。这个计算就会增大算法的时间，降低算法效率。这个就是 Apriori 算法的一个瓶颈问题，也是目前研究的难点。如果能将此问题进行优化必将提高算法性能。

（5）Apriori 算法在挖掘规则时没有考虑到有些项集可能是没有价值的，也将其包括在其中了。比如一些很久之前的数据已经不能反映现在用户需求了应该将其删除以免影响挖掘出的规则价值型。

（四）Apriori 算法的优化改进

如前面所述，Apriori 算法虽然理解操作简单但是还是存在一些不足与缺陷，需要对其进行优化改进，许多专家学者通过大量的研究工作，相继提出了一些优化的方法。

1. 基于分片的并行方法

萨瓦雷斯（savasere et al.，1995）提出了一个基于分片（partition）的算法，该算法首先把数据库中的事务集，分成几个互不相交的逻辑子集，每次单独考虑一个分片，并对它生成所有的频繁集，然后把产生的频繁集合并，用来生成所有可能的频繁集，最后计算这些项集的支持度。分片的大小选择的标准是要使得每个分片可以被放入主存，每个阶段只需被扫描一次。而算法的正确性是由“每一个可能的频集至少在某一个分块中是频集”来保证的。分片的主要目的是提高算法的并行性，可以把每一分块分别分配给某一个处理器生成频繁集。产生频繁集的每一个循环结束后，处理器之间进行通信合并产生全局的候选 k－项集。各处理器间的通信交互过程是算法执行时间的主要瓶颈；同时，每个独立的处理器生成频繁集的时间也是一个瓶颈。

2. 基于 hash 的方法

由帕克等（Park et al.，1995）为了改进 Apriori 算法的性能。他们认为 C_2 通常是最大的，算法的绝大部分时间消耗在生成频繁 2－项目集上。因此，提出了一个基于杂凑（hash）函数产生频集的高效算法。使用 Apriori 算法在事务数据库中产生频繁 1－项集 L_1，并产生候选 2－项集 C_2，然后通过杂凑函数把 2－项集映射到不同的桶，并对每个桶中的项目分别计数，对于散列中的某个桶中的计数低于支持度阀值的 2－项集，则不可能成为频繁 2－项集，因此删除对应桶中的项集，从而达到压缩项集的作用。

3. 基于采样的方法

该算法的基本思路是对于给定数据库的事务集，选定其子集作为频繁集的搜索子空间，得到该空间频繁集作为整个数据库的频繁集。马尼拉等（Mannila et al.，1994）认为采样是发现规则的一个有效途径；后来又由托沃宁（Toivonen，1996）进一步发展了这个思想，先使用从数据库中抽取出来的采样得到一些在整个数据库中可能成立的规则，然后对数据库的剩余部分验证这个结果。托沃宁的算法相当简单，而且显著地减少了 I/O 代价，但是一个很大的缺点就是产生的结果不精确，即存在所谓的数据分布规律扭曲（data skew）。因为分布在同一页面上的数据存在高度相关性，也许不能表示整个数据库中模式的分布，由此而导致验证的代价可能同扫描整个数据库相近。布林等（Brin et al.，1997）采用在计算 k－项集时，一旦我们认为某个(k＋1)－项集可能是频繁集时，就并行地计算这个(k＋1)－项集的支持度，算法需要总的扫描次数通常少于最大频繁集的个数。

4. 减少交易的个数

AprioriTid 的基本思想就是当一个事务不包含长度为 k 的频繁集，必然不包含长度为 k＋1 的频繁大项集。从而我们就可以将这些事务移去，减少用于未来扫描的事务集的大小，这样在下一遍的扫描中就可以要进行扫描的事务集的个数减少。

5. 采用间隔计算的方法

在扫描数据库时，不计算 C_k 的支持度来生成 L_k，而是直接由 C_k 生成 C_{k+1}，计算出 C_{k+1}的支持度从而生成 L_{k+1}，这样可以少扫描数据库一次。采用该方法必须保证生成的候选项目集 C_{k+1}能放进内存，尤其当 k 比较小的时候。对该方法的进一步扩展，可以跳跃多步进行，由 C_k 生成 C_{k+1}，C_{k+2}……C_{k+n}，最后生成 L_{k+n}。

二、FP-Growth 算法

在大多数情况下，Apriori 算法有两种问题是很难解决和克服的。第一，不可避免地产生特别多的候选项集，开销十分巨大；第二，需要重复地遍历扫描目标事务库。针对上述的缺陷，可以自然而然地想到，能不能设计一种不产生候选项集而可以生成频繁项集的方法，这时候，频繁模式增长（FP-Growth）算法产生了，该算法可以有效地解决上述问题。

（一）FP-Growth 算法原理

FP-Growth（frequent-pattern growth）算法是一种不产生候选项集而采

用模式增长的方式挖掘频繁模式的算法。它采用如下分治策略：将提供频繁项集的数据库压缩到一颗频繁模式树，但仍保留项集关联信息，然后将这种压缩后的数据库分成一组条件数据库，每个关联一个频繁项，并分别挖掘每个数据库。

算法的第一步是构造一棵 FP-tree，FP-tree 是对数据的压缩表示。首先分别读取每一条事务，将该事务映射到 FP-tree 上的一条路径。因为不同的事务可能会有相同的前缀，所以它们在 FP-tree 上的路径就有可能重合，路径越重合，说明数据压缩效果越好，FP-tree 构造就越成功。最好的情况就是每一条事务完全相同或者他们共同分享相同的前缀，这样构造出来的频繁模式树只有一条路径，最不好的情况就是所有事务都没有相同的项，这样频繁模式树的大小和事务数据集的大小相同就不能压缩任何数据。

在产生了频繁模式树 FP-tree 之后，接下来就需要挖掘频繁模式树 FP-tree，在挖掘 FP-tree 时，是从叶子节点到根节点来搜索整棵树。FP-growth 算法根据结尾项不同来找频繁项集，将大问题转化为一个一个小问题来解决。

经典的 FP-growth 算法的伪代码描述如下：

输入：事务数据库 D，最小支持度阈值 minsup；

输出：频繁项集 F_k。

1. 构造频繁模式树 FP-tree

（1）扫描数据库 D，计算每一个项的支持度计数，如果项的支持度大于最小支持度阈值则该项为频繁项将该项留在数据库中，如果项的支持度计数小于支持度阈值那么该项就是非频繁项删除该项。在计算完毕之后将数据库中所有的频繁 1－项集按照支持度大小降序排列。

（2）对于事务中的频繁 1－项集按照降序排列后的频繁项表记为［p｜P］，其中 p 是第一个元素，而 P 是剩余元素的表。调用 insert_tree（［p｜P］,T）将此元组对应的信息加入 T 中。如果 T 有子女 N 使 N. item-name = p. item-name，N 的支持度计数加 1，否则创建新的节点 N 并且设置支持度计数为 1，并且使他的父节点为 T，同时将其链接到具有相同 item-name 的节点。如果 $P\neq\varnothing$，递归调用 insert_tree(P,N)。如此重复，直到事务数据中 D 中的每条事务都在树上形成一条完整的路径，FP-tree 构造完成。

2. 从 FP-tree 中挖掘频繁项集

从 FP-tree 挖掘频繁项集是根据将大问题转化为小问题来解决的，过程如下所示：

（1）生成每一个项的条件模式基；

（2）每个新生成条件 FP-tree 重复 1 步骤；

（3）直到结果 FP-tree 为空，或只含唯一的一个路径（此路径的每个子路径对应的项目集都是频繁集）。

挖掘 FP-tree 算法的核心是 FP-growth 过程，它是通过递归调用的方式实现频繁模式。

FP-growth（Tree，α）

（1）IF（Tree 只含单个路径 P）THEN FOR 路径 P 中节点的每个组合（记作 β）DO 产生模式 $\beta \cup \alpha$，其支持度 support = β 中节点的最小支持度；

（2）ELSE FOR each a_i 在 FP-tree 的项头表（倒序）DO BEGIN：

① 产生一个模式 $\beta = a_i \cup \alpha$，其支持度 support = a_i. support；

② 构造 β 的条件模式基，然后构造 β 的条件 FP-tree Tree β；

③ if Tree$\beta \neq \varnothing$ THEN call FP-growth（Tree β，β）。

（二）FP-Growth 算法的改进

1. 改进 FP-tree 结构

FP-growth 算法可分为两个步骤，第一步是构建频繁模式树 FP-tree，第二步是从频繁模式树中挖掘频繁项集。分析 FP-tree 的构造过程可知，依次对比事务和 FP-tree 已有的分支路径的节点，如果事务和已有 FP-tree 共享前缀，那么就将前缀中每个节点计数加 1。这样处理的特点是只有在前缀相同的情况下才可以压缩，如果前缀不相同，即使后缀节点有相同节点也需要另外建立分支，不能进行压缩。这样如果事务都具有很多相同的前缀节点，那么构成紧凑的 FP-tree，最优的情况是压缩成为一条分支，这样可以大大节省内存。但是如果当前节点不同，却有相同后缀的事务时，因为只考虑当前节点是否相同，如果当前节点不同，就会另外建立分支，这样就会在内存中构造稀疏 FP-tree。所以忽略后缀节点的对比，就不能对后缀节点进行压缩，就会产生过多的分支，这样不仅会浪费内存资源，也会使得递归搜索的时间加长，使得 FP-tree 的挖掘效率降低。

通过上段的分析，我们可以从改进 FP-tree 的结构出发构造紧凑的 FP-tree，以此来达到对算法内存的优化。传统构造 FP-tree 的方式和自然界中树的形式一样，越靠近树根的节点其频繁度就越高，远离树根的节点其频繁度越低。所以从树根到树叶的项的频繁计数是从大到小排列的。

（1）ENFP-tree 结构。

本书为构造出紧凑 FP-tree 提出了 ENFP-tree（Exchange Node FP-tree），以此来提高内存的利用率并且减少对树的搜索时间。在事务和 FP-tree 的当前节点不同时继续对比后面的节点，如果后面的节点相同且满足交换条件则交换 FP-tree 的当前节点和其后的节点。这里所说的交换节点都是针对同一棵树而言，目的是尽可能地构造出主干粗壮更加紧凑的 FP-tree。通过局部优化策略达到整体优化的目的，减少内存的占用率。

本书的优化策略是通过局部优化从而达到全局优化的目的。例如，对于{a,b,c,d}与{a,c,d}，{a,d,c,f}三组事务数据，经典 FP-growth 算法的只是对比当前节点是否相等，相等则计数加 1，不等则创建新的节点。在改进后的算法处理过程中，在对比当前节点不同时继续对比后续节点，如果后续有节点相等则交换节点。和未进行节点交换的 FP-tree 进行对比可知进行节点交换的 FP-tree 在一定程度上压缩了数据，提高了内存的利用率。图 7－6 为没有进行节点交换构造的 FP-tree，图 7－7 为经过节点交换构造的 FP-tree。

（2）ENFP-tree 算法描述。

算法的过程如下：

输入：事务数据库 D，最小支持度 minsup；

输出：ENFP-treeT。

第 1 步：第一次扫描事务数据库 D，计算每一个项的支持度计数，删除掉支持数小于最小支持数的项，生成频繁 1－项集，用频繁 1－项集构建项头表 L 并将支持度计数按递减顺序排列。

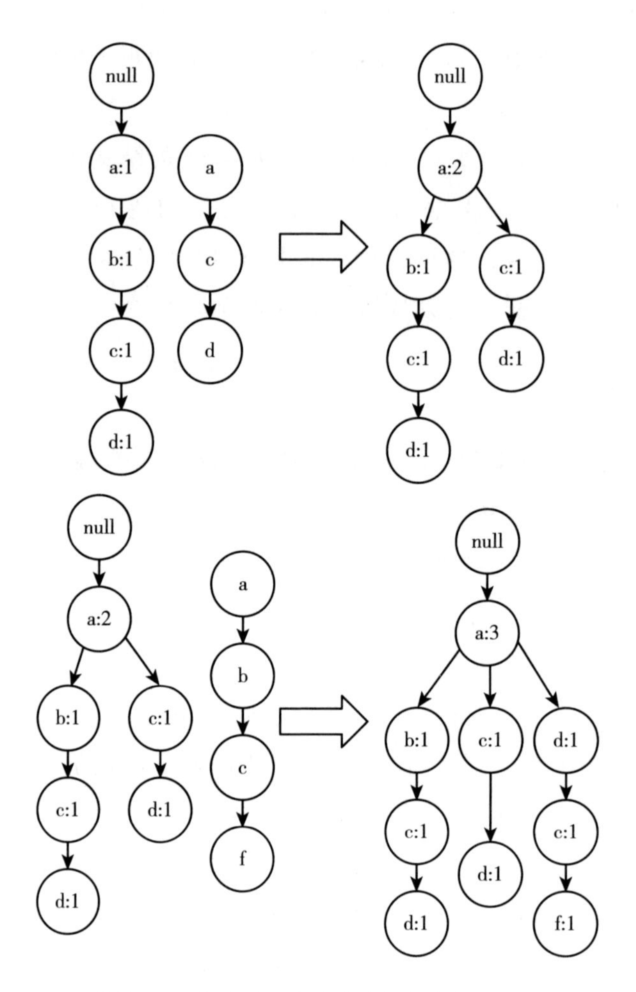

图 7－6 没有进行节点交换构造的 FP-tree

第 2 步：创建 ENFP-tree 的根节点，将其标记为"null"。D 中的每一个事务依次扫描每一个事务中的频繁项，并将频繁项按 L 中的次序递减排列。排序后的频繁项表记为［p｜P］，其中 p 是第一个元素，而 P 是剩余元素的表，调用 Insert_tree(［p｜P］)，过程如下：

① 如果 T 有子女 h，使得 h. item_name = p. item_name，则 h 的计数 count 值增加 1；

② 否则，分别查找 p 后面节点 e 和 h 后的节点 f，判断 h. item_name = e. item_name 或 f. item_name = p. item_name，或 f. item_name = e. item_name 三种情况；

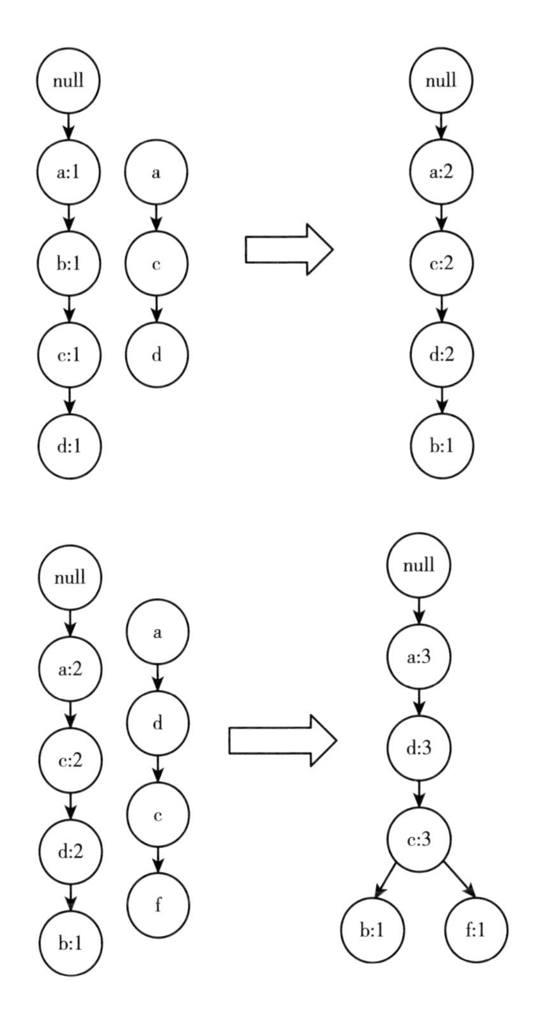

图7-7　经过节点交换构造的FP-tree

③ 如果在②中有一个相等且满足｜p. co0unt-e. count｜< = a（引入阈值a代表要置换的项之间的支持度差值），且h只有一个子孙节点。则对应的count值加1，交换节点；

④ 如果不满足，则需要创建一个新节点q，将其计数值加1，并将该新节点指向它的父节点，然后将其链接到具有相同项名的节点链上。当P不为空时，继续递归地调用Insert_tree（[p｜P]）过程。

第3步：递归挖掘ENFP-tree。

2. FP-array 的提出

FP-Growth 算法的核心思想是：扫描原始数据库构造 FP-tree，然后遍历 FP-tree 从而构造新的条件 FP-tree 挖掘频繁项集。

FP-Growth 算法有两个消耗时间的过程：第一个是构造 FP-tree 时会消耗时间，第二个是遍历 FP-tree 进行挖掘产生频繁项集时会消耗时间。第二个时间消耗又可细分为两部分时间消耗，第一部分是遍历 FP-tree 产生频繁 1 – 项集并且统计频繁 1 – 项集的支持数，第二部分是遍历条件 FP-tree 挖掘频繁项集。遍历 FP-tree 是很耗费时间的，所以如果能够减少对 FP-tree 的遍历次数，将会很好地减少算法的时间消耗提高算法的效率。

（1）算法改进思路。

在对 FP-Growth 算法进行了充分分析之后，为了能够减少 FP-tree 遍历次数，我们提出增加一个辅助矩阵来达到减少 FP-tree 的遍历次数。对于一个条件 FP-tree T_1 的项头表里的每一个项，为了构造出新的条件 FP-tree T_m，需要两次遍历 FP-tree T_1。第一次遍历在项的条件模式基里找出所有频繁项，构造条件 FP-tree 的项头表。第二次遍历构造新的条件 FP-tree。在建立条件 FP-tree T_1 的同时，构造一个频繁项对应的矩阵 A_1，作为 T_1 的一个属性，通过 A_1 直接找出所有频繁项，就可以省略去对 T_1 树的第一次遍历。在算法迭代运行过程中由于省略去了树的第一次遍历，就提高了算法的时间效率。

下面分析 FP-array 的构建方法及过程。

假设一棵条件 FP-tree 用 T 表示，$I=\{i_1,i_2,\cdots,i_n\}$ 是 T 项头表中的项。频繁项两两之间的关系可以用一个 $(n-1)*(n-1)$ 的矩阵来表示，矩阵中的元素是对应的频繁项对的支持度计数。

因为矩阵是对称的，所以矩阵中频繁项 (i_j,i_k) 与 (i_k,i_j) 表示的是一个频繁项对。我们只需要存储其中一对就达到目的了，所以我们只需要一个倒三角的矩阵就可以存储所有需要的信息。下面举例说明 FP-array 的构造过程：

事务数据库如表 7 – 1 所示，最小支持数阈值设定为 2，第一次扫描原始数据库后得到频繁项按递减的顺序排列为：$\{I_1:5,I_2:5,I_4:5,I_7:4,I_3:2,$

I_5:2,I_6:2}，并且将项放入 L 表中（见表 7-2）。

表 7-1　示例数据

T_{ID}	原始项目集	整理后的项目集
T_1	I_1，I_4，I_5	I_1，I_4，I_5
T_2	I_2，I_1，I_6，I_7，I_8	I_1，I_2，I_7，I_6
T_3	I_2，I_1，I_4，I_6	I_1，I_2，I_4，I_6
T_4	I_2，I_1，I_3	I_1，I_2，I_3
T_5	I_1，I_4，I_7，I_{10}	I_1，I_4，I_7
T_6	I_2，I_4，I_7，I_3，I_9	I_2，I_4，I_7，I_3
T_7	I_2，I_4，I_7，I_5	I_2，I_4，I_7，I_5

表 7-2　项头表

项	支持度
I_1	5
I_2	5
I_4	5
I_7	4
I_3	2
I_5	2
I_6	2

第二次扫描原始数据库，构建 ENFP-tree 及 FP-aray。利用 FP-array 来存储所有频繁项对的计数，FP-aray 中每个元素就是一个频繁项对的计数，FP-array 所有元素都初始化都为 0。例如 F-aray 中元素[I_3,I_4]对应的就是 2-项集 {I_3I_4} 的支持度计数 2。第二次扫描数据库中的事务时，当某一个频繁项对包含在事务中，就将该频繁项对所对应的 FP-array 的元素加 1。例如扫描到第 6 个事务 I_6{I_2,I_4,I_7,I_3,I_9}（项 I_9 是非频繁的），并插入到 ENFP-tree 中。同时，A_x[I_2,I_4],A_x[I_2,I_7],A_x[I_2,I_3],A_x[I_4,I_7],A_x[I_4,I_3],A_x[I_7,I_3]的值都递增加 1。在第二次扫描完数据库后，A_x 中所有频繁项集对的计数都包含在 FP-array 中，如图 7-8 所示。

I_2	4					
I_4	2	3				
I_7	2	3	3			
I_3	1	2	1	1		
I_5	1	1	2	1	0	
I_6	2	2	1	1	0	0
	I_1	I_2	I_4	I_7	I_3	I_5

图 7－8　FP-array

构造完 ENFP-tree 和 FP-array A_x 后，对于 T 项头表中的每个项 a_i，需要递归调用用 FP-Growth 算法来挖掘频繁项集。因为构造了 FP-array，所以在产生条件模式基这一步就不再需要遍历原始 ENFP-tree。因为 A_x 包含了 a_i 的所有频繁项，所以 a_i 的条件模式基中的所有频繁项都可以从 FP-array 中直接得到。例如在矩阵中，扫描 A_x 的第三行，得出 I_7 的条件模式基的频繁项是 I_1，I_2，I_4。因此增加了 FP-array 可以省略对原始 ENFP-tree 的第一次扫描而直接得到条件模式基的频繁项以及频繁项的支持数。同样，对于条件 ENFP-tree，在构造新的条件 ENFP-tree 的同时需要构建 FP-array。例如，在构造条件 ENFP-tree 的同时，构造 FP-aray 如图 7－9 所示。

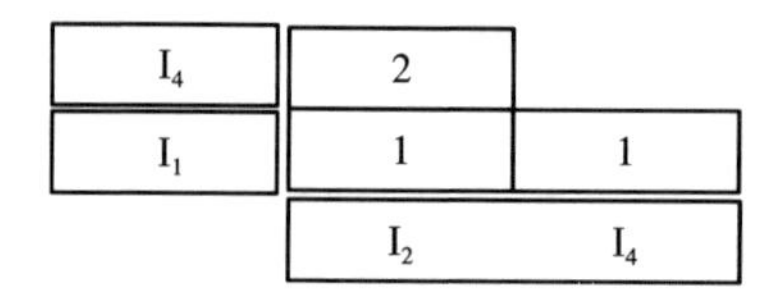

I_4	2	
I_1	1	1
	I_2	I_4

图 7－9　I_7 对应的 FP-array

利用条件 ENFP-tree 构造条件 I_7 的条件 ENFP-tree 的同时构造 FP-array，构造 FP-array 的过程如下：用 I_7 的条件模式基的频繁项 I_1，I_2，I_4 构造 FP-array 并初始化元素为 0。将 ENFP-tree 中 I_7 所对应的分支去除掉非频繁项集（由上步可知 I_1，I_2，I_4 为 I_7 的条件模式基的频繁项），然后将该分支插入到 I_7 的条件 ENFP-tree 中。如果分支里边包含频繁项对就将频繁项对相应的 FP-array 的元素加 1。

（2）基于 ENFP-tree、FP-array 的 FP-Growth 算法。

基于 ENFP-tree 和 FP-array 改进的 FP-Growth 算法我们称之为 LENFP-Growth 算法。LENFP-Growth 算法在树的构造阶段使用 ENFP-tree 策略来构

造树，在树的挖掘阶段使用 FP-array 策略。

以下是 LENFP-growth 算法的思想步骤：

输入：事务数据库 D，最小支持度 min_sup；

输出：频繁项集。

① 第一次扫描数据库 D，生成频繁 1 - 项集，将频繁 1 - 项集按照降序排列存储到项头表 L 中。

② 第二次扫描数据库，构造 ENFP-tree，FP-array。

③ 挖掘频繁模式树 ENFP-tree。

按照 L 中项支持度递增的顺序挖掘频繁项集。对每一个频繁项先根据 FP-array 找出对应的频繁项和频繁项的支持数，再构造条件 ENFP-tree 和 FP-array，最后挖掘条件 ENFP-tree，递归地执行上述步骤直到算法结束。

以下为 LENFP-Growth 算法的伪代码：

LENFP-Growth（tree，a）

① IF T 只包含单个路径 P。

② FOR 对于路径 P 中节点的每个组合（记作 E）。

③ DO 产生模式 E U T. base，其支持度 s = min{E 中节点最小的支持度}。

④ ELSE 对于在 T 头部的每个项 i。

⑤ 产生一个模式 E = T. baseU{i}，其支持度 s = i 的支持度。

⑥ IF 当前树的矩阵不为空。

⑦ 根据矩阵，构造 E 树的条件 FP-tree 的项头表。

⑧ ELSE 从 T 构造新项头表。

⑨ 构造条件 FP 树 T_E 和 FP 矩阵 A_E。

⑩ IF 树不为空则调用算法 LENFP-Growth（tree，a）。

⑪ END。

第三节　协同过滤

协同过滤（collaborative filtering，CF）这一概念首次由戈尔德贝格等（Goldberg et al.，1992）提出，并应用于 Tapestry 系统，该系统仅适用较小用户群（如某一个单位内部），而且对用户有较多要求（如要求用户显式地给出评价）。

协同过滤技术的原理类似于“物以类聚，人以群分”。通常情况下，目标用户会和自己相似的用户具有共同的喜好，可以向目标用户推荐其喜欢的项目。也就是根据相似用户的评分或者用户对相似项目的评分进行个性化推荐，这是一个典型的集体智慧方法。

协同过滤主要分为以下几类：基于记忆的协同过滤（memory-based CF）、基于模型的协同过滤（model based CF）及组合协同过滤（hybrid CF）。

一、基于记忆的协同过滤

基于记忆的协同过滤算法是一种基于使用全部或部分用户—项目（user-item）数据的预测算法。基于记忆的协同过滤分为基于用户（user-based）的方法和基于项目（item-based）的方法。协同过滤的实现一般包含三个步骤：第一步，为用户建立兴趣模型，这一步主要是利用用户行为信息计算用户或项目之间的相似性；第二步，根据相似性较高的用户或项目预测用户对项目的喜好程度；第三步，系统根据预测的喜好程度进行推荐。下面以基于用户的方法为例进行说明。

假设有用户集合 $C=\{c_1,c_2,\cdots,c_N\}$，项目集合 $S=\{s_1,s_2,\cdots,s_M\}$，令 $r_{c,s}$ 为用户 c 对项目 s 的评分，$r_{c,s}$ 构成的矩阵代表用户对应项目的行为数据，称为用户－项目矩阵。

常用相似度计算方法包括 Pearson 相关和矢量余弦。

（一）Pearson 相关

S_x 和 S_y 分别是用户 x 和用户 y 评价过的项目集，即 $S_{xy}=S_x\cap S_y$，$F_{sim}(x,y)$ 为用户 x 和用户 y 的相似度，且有：

$$F_{sim}(x,y)=\frac{\sum_{x\in S_{xy}}(r_{x,s}-\bar{r}_x)(r_{y,s}-\bar{r}_y)}{\sqrt{\sum_{x\in S_{xy}}(r_{x,s}-\bar{r}_x)^2\sum_{x\in S_{xy}}(r_{y,s}-\bar{r}_y)^2}} \tag{7-1}$$

（二）矢量余弦

矢量余弦表达式为：

$$F_{sim}(x,y) = \cos(x,y) = \frac{x \cdot y}{\|x\|_2 \times \|y\|_2} = \frac{\sum_{s \in S_{xy}} r_{x,s} r_{y,s}}{\sqrt{\sum_{s \in S_{xy}} r_{x,s}^2 \sum_{s \in S_{xy}} r_{y,s}^2}} \quad (7-2)$$

在进行预测时，相似度被作为权重使用，常用的预测函数有以下两种形式。

（1）简单加权平均。

$$r_{c,s} = \frac{\sum_{i \in C} F_{sim}(c,i) \cdot r_{i,s}}{\sum_{i \in C} |F_{sim}(c,i)|} \quad (7-3)$$

（2）评分差加权平均。

$$r_{c,s} = \bar{r}_c + \frac{\sum_{i \in C} F_{sim}(c,i) \cdot (r_{i,s} - \bar{r}_c)}{\sum_{i \in C} |F_{sim}(c,i)|} \quad (7-4)$$

式（7－4）中，$F_{sim}(c,i)$表示用户 c 和用户 i 之间的相似度；$\bar{r}_c$ 为用户 c 的平均分，且有：

$$\bar{r}_c = (1/|S_c|) \sum_{x \in S_c} r_{c \cdot s} \quad (7-5)$$

其中，$S_c = \{s \in S \mid r_{c,s} \neq 0\}$。为减少计算量，一般只采用 k 个相似度最高的数据计算，k 称为活动用户的邻居规模。基于项目的方法与基于用户的相似，只是前者计算的相似性是针对项目的。

二、基于模型的协同过滤

基于模型的协同过滤算法可以通过训练数据完成对系统复杂模式的识别，而后根据学习模型对协同过滤任务做出智能预测，常见的模型算法包括基于概率的协同过滤算法、朴素贝叶斯算法、聚类算法和基于矩阵分解的算法等。如果用户行为数据是分类信息，那么通常使用聚类算法；如果是数值信息，那么常用矩阵分解算法。

（一）基于概率的协同过滤算法

令 $r_{c,s}$ 为用户 c 对项目 s 的评分，基于概率的协同过滤算法中规定评分预测方法为：

$$r_{c,s} = E(r_{c,s}) = \sum_{i=0}^{n} i \times Pr(r_{c,s} = i \mid r_{c,\bar{s}}, \bar{s} \in S_c) \tag{7-6}$$

假设评分分值为 0 ~ n，Pr 表示基于用户历史得分数据计算用户 c 给项目 s 评指定分数的概率。概率的估计需要使用概率模型，常用的包括聚类模型、概率相关模型、极大熵模型、线性回归、基于聚类的 Gibbs 抽样等。

（二）朴素贝叶斯算法

该类算法使用朴素贝叶斯分类算法来为协同过滤任务做预测。贝叶斯网络是一个带有概率注释的有向无环图，图中的每一个节点均表示一个随机变量，图中两节点间若存在一条弧，则表示这两节点相对应的随机变量是概率相依的；反之，则说明这两个随机变量是条件独立的。贝叶斯分类器是用于分类的贝叶斯网络。贝叶斯分类器的分类原理是通过某对象的先验概率，利用贝叶斯公式计算其后验概率，即该对象属于某一类的概率，选择具有最大后验概率的类作为该对象所属的类。该类算法实施所需估计的参数少，对缺失数据不敏感，算法也比较简单。

（三）聚类算法

聚类是一个相似对象的集合，一个聚类内部的元素与其他元素都相似而与其他聚类内部的元素不同。而相似的度量最常用的是 Minkowski 距离和 Pearson 相关。

若 2 个数据集为 $X = (x_1, x_2, \cdots, x_N)$ 和 $Y = (y_1, y_2, \cdots, y_N)$，则 Minkowski 距离可定义为：

$$d(X,Y) = \sqrt[q]{\sum_{i=1}^{n} |x_i - y_i|^q} \tag{7-7}$$

式（7-7）中，n 是 x_i 和 y_i 的维度；q 是正整数，当 q=1 时，d 是曼哈顿距离；当 q=2 时，d 是欧氏距离。

在推荐系统的许多情况下，聚类的过程只是一个中间步骤，最后的聚类结果将用于更进一步的数据分析及处理。

（四）基于矩阵分解的算法

该算法通过对行为数据矩阵实施分解和重构、对用户和项目之间的隐含关联进行挖掘，在保留数据主要特征的同时提高算法的可扩展性。

如果 $r_{c,s}$ 为用户 c 对项目 s 的评分，那么将 $r_{c,s}$ 的估计分解为：

$$\hat{\mathbf{r}}_{c,s} = \mathbf{q}_s^T p_c$$

这里定义了一个与用户和项目都有隐含关联的元素空间，$\mathbf{q}_s$ 表示项目与元素的关联程度，$\mathbf{q}_s^T$ 为 $\mathbf{q}_s$ 的转置矩阵，而 p_c 则对应用户对元素的兴趣程度。考虑误差可得到：

$$\hat{\mathbf{r}}_{c,s} = \mu + b_s + b_c + \mathbf{q}_s^T p_c \quad (7-8)$$

式（7-8）中：μ 代表整体评分误差；b_s 是针对项目 s 的评分偏差；b_c 是用户 c 的评分偏差。

考虑到推荐的动态性，b_s、b_c 及 $\mathbf{q}_s^T p_c$ 都是时变的，即：

$$\hat{\mathbf{r}}_{c,s} = \mu + b_s(t) + b_c(t) + \mathbf{q}_s^T p_c(t) \quad (7-9)$$

该类算法针对隐含特征信息，在无须向用户解释推荐时可以很好地保护用户的隐私。

三、组合协同过滤

除了协同过滤，基于内容的推荐是另一种重要的推荐技术，它通过分析文本信息和在内容中发现规律做出推荐。协同过滤和基于内容推荐之间的区别在于：前者使用用户—项目行为数据来做预测和推荐，而后者依赖用户—项目的内容特征来做推荐。组合协同过滤算法通过综合考虑协同过滤和其他推荐技术进行预测和推荐，按照算法的结合方式大致可以分为三类：结合基于内容推荐的协同过滤算法、多种协同过滤简单组合算法、多种协同过滤相互融合算法。

（一）结合基于内容推荐的协同过滤算法

该类算法首先会设法在推荐前获取内容信息，并在内容中发现规律，内容中有许多影响用户喜好的因素，如通过观测得出的词汇或页面的浏览特征等。

梅尔维尔和穆尼等（Melville & Mooney et al.，2003）提出了一种基于内容的协同过滤算法。该算法通过朴素贝叶斯分类器对内容分类，使用内容预测的方法填补评分矩阵的空缺数据，构成伪评分矩阵。而后实施协同过滤。萨瓦等（Sarwar et al.，2001）在推荐中使用基于知识的 Agent 充当符合一定行为标准的智能用户。巴苏等（Basu et al.）开发的协同过滤系统 Ripper，使用用户评分和内容特征来产生推荐。

（二）多种协同过滤简单组合算法

该类组合最典型的算法是多种推荐结果的叠加。一种组合算法，即加权组合推荐算法，是对多种推荐算法的评分预测结果进行加权平均，而权重的调整策略由推荐系统的设计者决定；另一种组合算法，即切换组合推荐算法，在数据满足某类条件时，采取相应的算法切换策略。加权组合推荐算法通过加权处理综合了不同推荐技术，组合一般是线性的，权重可调，也可使用加权求和平均或多数加权求和平均。切换组合推荐算法按某种标准或条件实施推荐算法，当一种协同过滤无法做出足够可信的推荐时，另一种推荐算法将会尝试启动。切换组合推荐会增加切换标准参数化的复杂性。

（三）多种协同过滤相互融合算法

该类多种协同过滤相互融合算法一般将一种或多种协同过滤的计算结果作为其他协同过滤计算的输入。

结合概率的基于记忆协同过滤（probabilistic memory-based CF）综合了基于记忆方法和基于模型的技术，使用基于一组已有用户资料构建的组合模型和用户评分的后验概率分布来做预测。为减少计算时间，算法从全部数据中选择称为模型空间（profile space）的小子样集，并在该小子样集中做预测。个性诊断（personality diagnosis，PD）算法是另一种典型的多种协同过滤融合的算法。PD 算法根据用户的已知评分数据，计算活动用户与其他用户拥有相同“个性”的概率及喜好新项目的概率。布里斯等（Breese et al.）研究发现：该算法相比基于 Pearson 相关、基于矢量余弦相似度、基于贝叶斯聚类及贝叶斯网络的协同过滤算法，都具有更好的预测性能。

第八章

机器学习的应用领域

作为一种可以广泛应用的新工具，机器学习已经成为科技领域绕不开的话题。过去几年机器学习扮演着非常重要的角色，比如医疗、能源、交通，这些行业现在都有大量的资金涌入。从理论到实践应用，机器学习正在改变众多行业的运营模式。目前，机器学习已经有了十分广泛的应用，例如：数据挖掘、计算机视觉、自然语言处理、生物特征识别、搜索引擎、医学诊断、检测信用卡欺诈、证券市场分析、DNA 序列测序、语音和手写识别、战略游戏和机器人运用等，这些科技手段正在广泛应用于商业、医疗、建筑等领域。

第一节　商业领域

一、关联规则分析方法在商业银行中的应用

商业银行的经营管理是一个复杂的过程，通过客户数据的信息积累和有关模型的分析可以达到有序管理的目的。但是，面对不同的客户和经营环境，数据挖掘技术的应用必须因地制宜地进行调整，把信息科学、行为科学、管理科学和计算机技术有机地结合起来，才能达

成预期的效果。

关联规则分析作为数据挖掘技术中的重要组成部分，能够有效发现大量数据中相关属性集之间的关联关系，成为决策和规则制定的依据。关联规则算法研究已取得很多成就，有多种算法可供使用。关联规则分析可以应用于客户交叉营销、风险防范等方面。

（一）在产品交叉营销中的应用

银行对于关联规则分析的使用，可以帮助营销部门了解各种相关产品的关系程度，测算出某种业务的客户同时使用其他产品的可能性，使客户经理在进行产品营销时能够做到有的放矢，提高营销成功率，同时，同一客户选择若干产品后，将直接提高客户的忠诚度。而目前，由于缺少这方面的研究和应用，使不少银行普遍存在客户使用产品较为单一，综合覆盖率低的局面。

银行必须高度重视对该方面课题的研究，从客户战略的高度看待这一问题。在进行关联规则的运用之前，应确定适用的客户样本集和金融产品种类。应选择确定具有营销可操作性的产品，并在数据库中寻找客户使用以上产品的规律，进行数据清理、转换、集成等数据准备，并确定最小支持度和可信度，利用数据挖掘算法发现关联规则，并由熟悉金融业务且具备丰富市场经验的人员对关联规则结果进行评估和解释，只有对分析结果进行充分的理解、解释和执行，才能发挥关联规则分析的最大作用。

在对金融业务进行关联规则分析时，可选择需要进行分析的若干产品，这些产品从表现形式、业务功能、客户群体等方面存在较大差别，但在营销过程中，可以寻找归纳其中的共同点，如个人房地产信贷业务、信用卡业务、VIP 理财业务、基金业务和外汇交易业务等，并将其确定为关联规则算法中的项，即个人房地产信贷业务 =1、信用卡业务 =2、VIP 理财业务 =3、基金业务 =4、外汇交易业务 =5。事务数据形式如表 8 -1 所示。

设定最小支持度 =30%，最小支持计数 =1.8。

表 8－1　　事务数据形式

TID（顾客标识符）	项列表
T1	1,2
T2	1,3,5
T3	2,4
T4	2,3,5
T5	1,4
T6	2,4,5

注：T 为顾客标识符 TID 的简写，数字的含义在上段有介绍。故 T1 表示办理个人房地产信贷业务的顾客，T2 表示办理信用卡业务的顾客……以此类推。

通过关联规则挖掘，我们可以很容易地得到有趣的规则：

2⇒4，Confidence＝50%；

4⇒2，Confidence＝67%；

2⇒5，Confidence＝50%；

5⇒2，Confidence＝67%；

3⇒5，Confidence＝100%；

5⇒3，Confidence＝67%。

结合分析前的业务设定，即个人房地产信贷业务＝1、信用卡业务＝2、VIP 理财业务＝3、基金业务＝4、外汇交易业务＝5，得到以下业务结论：

（1）信用卡客户中 50% 的人会办理基金业务，基金客户中 67% 的人会办理信用卡业务。

（2）信用卡客户中 50% 的人会办理外汇交易业务，外汇交易客户中 67% 的人会办理信用卡业务。

（3）VIP 理财业务客户中 100% 的人会办理外汇交易业务，外汇交易客户中 67% 的人会办理 VIP 理财业务。

通过以上对相关业务关联规则的分析，可以较为准确地判断各产品相互之间的影响程度和关联程度，不仅帮助营销人员判断通过对某一产品客户营销另一种产品可能成功的概率，又可以了解某一产品客户对于其他产品的接受程度，因此，不仅可以帮助金融机构提高客户群体选择的准确性，又可以有的放矢地开展客户服务和关怀活动，进一步提高客户对金融机构的忠实性和满意度。

但是，目前的关联规则分析仅能提供一种趋势分析，而无法实现定量控制。通过以上的关联分析，银行可能会向基金业务客户、外汇交易业务客户宣传信用卡业务。这一举措将有可能提升信用卡业务的覆盖率，但如何保证将覆盖率提高到70%，这是一个仍待解决的问题。

另外，目前广泛采用的是正关联规则分析而忽视了负关联分析。负关联分析在银行管理中也有重要的意义。银行可以依据该规则反映出来的问题采取相应的措施。负关联分析在银行管理中的应用还有待进一步的研究。

（二）在客户风险控制中的应用

关联规则分析不仅可对银行产品交叉营销起到积极促进作用，还可对营销过程中的不良客户进行筛查排除，对于客户日常交易进行监控和指导，减少营销不良客户的比例，减少营销资源浪费。风险管理是识别、防范和控制信用卡申办和使用过程中的各种风险，通过对客户的资信评估，确定信用等级、分析透支情况、降低透支风险等。其中资信评估是重要的部分，通过建立资信评估系统，对客户进行信用等级分类。通过对客户的用卡行为进行监控和检测，从而评估持卡客户的信用风险，并根据模型结果，智能化地决定是否调整客户信用额度，在授权时决定是否授权通过，对可能出现的逾期提前预警。例如，银行在通过对于欺诈交易的历史数据进行分析以后发现，欺诈交易发生之前，往往会进行试探性交易，两者呈现较强的关联度，因此，可以依据对风险客户的个人交易信息进行关联规则分析，发现其中规律，用于指导客户营销方案、客户准入制度、征审条件的制定和风险交易的日常监控和预警。

可以将风险客户的相关属性字段取值作为关联分析对象的数据集，包括性别、年龄、籍贯、学历、婚姻、交易金额等，将风险交易金额划分为若干区间，从风险等级 1 到风险等级 4，将年龄划分为若干区间，依此类推。并设定支持度和置信度水平，在使用以上算法后，可以将符合最小支持度和置信度的强关联规则进行发现，如：40 岁以上且婚姻状况为未婚的客户的风险较大，处于风险等级 2 级，年龄在 25 岁以下的客户的风险较大，处于风险等级 2 级，等等。这些规则的发现，使银行在进行交叉营销过程中，可以预先了解不良客户的特征，在制定营销方案时，考虑这一因素，提前将风险客户排除在营销范围以外。同时，对于风险客户的日常交易行为监控也具有了科学准确的依据。但是，相关属性字段有很多个，以单独一个属性字段作为划分的标准是不妥当的。如何根据多个属性字段共同评估控制客户风险仍是一个有待于进一步研究的问题。

二、改进的协同过滤算法在商品推荐中的应用

随着互联网信息的爆炸式增长，人们在享受丰富的数据带来更多方便的同时也要忍受寻找自己真正需要的信息的时间越来越长所带来的困扰。推荐系统为解决这一问题应运而生，推荐系统是针对不同用户的兴趣、爱好为其进行个性化推荐商品的服务，个性化推荐技术在一定程度上可以节省用户搜索信息的时间，提高信息获取效率，目前在个性化推荐算法及相关技术和应用领域方面，已经成为国内外大批学者研究的热点问题。其中主要研究的推荐算法有协同过滤算法、基于知识的推荐以及混合推荐算法等，而协同过滤一直是研究最多的技术之一，它通过维护用户—商品评分矩阵，通过相似度计算公式，建立邻居用户集，产生推荐列表。

下文结合传统的协同过滤推荐算法在打分稀疏，推荐正确率较低等问题，结合二部图函数设计改进的协同过滤推荐算法，给出了基于用户和基于商品的混合列表推荐方式。使用户更快、更方便地获取到自己所想要的资源。

（一）改进的协同过滤算法

协同过滤推荐是应用最广泛的一种推荐技术之一。它假设的前提是：若要向一个用户推荐商品，首先找到与本用户兴趣爱好相似的其他用户群，然后将相似用户感兴趣的商品推荐给本用户。如图 8－1 所示，user-B

选择了 item-a、item-b 和 item-d，而 user-C 选择了 item-b 和 item-d，认为 user-B 和 user-C 是相似用户，因此将 user-B 选择的 item-a 推荐给 user-C。具体推荐过程分为三个阶段：用户兴趣表示、相似用户产生、商品推荐。

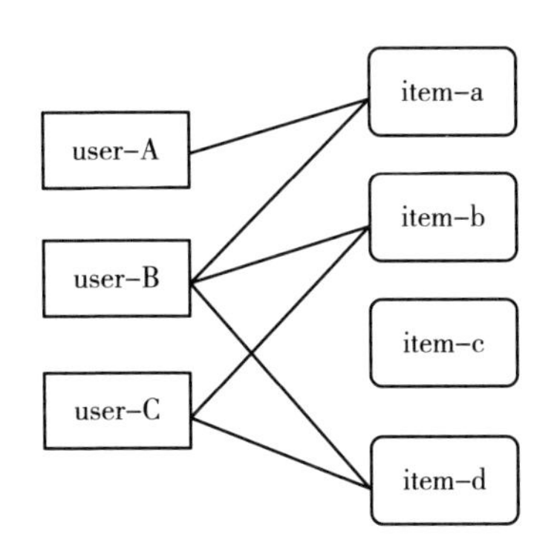

图 8－1　基于用户的协同过滤

通过分析传统的协同过滤技术，一方面由于协同过滤推荐算法需要用户的评分进行推荐，对于新用户和新商品产生时，由于没有用户—商品的评分数据，导致出现冷启动或数据稀疏问题，无法进行推荐；另一方面随着用户及商品的数量增加、商品的类型更加多样化、使得用户—商品之间的关系更加复杂，通过计算相似度构建用户邻居集合的效率会越来越低，因此传统的协同过滤算法就存在数据稀疏、可扩展性和冷启动等几个问题的制约，影响最终商品的推荐结果和推荐效率。

传统的协同过滤推荐算法在寻找相似用户时由于只是参考了邻居集合中相似用户进行评分的商品，而当相似用户进行评分的商品数量太少，获得的评分矩阵稀疏时，最终产生的推荐列表可靠性较低，因此本书对二部图模块函数的理论进行研究，在协同过滤算法中引入二部图模块函数（bipartite modularity）对用户和商品进行相似性划分，扩大了用户间相似性计算的范围，提高了相似性的可靠性和准确度，以商品社区划分为例，具体步骤如下：

第一步：为每个商品初始化不同的社区，初始时商品数与社区数相同；

第二步：对于任意一个商品 S_i，首先将其添加到其他不同商品 S_j 所在的社区，计算社区变化后的每一个函数值，比较 S_i 加入不同 S_j 所在的社区产生的函数值，找到函数值是正数且最大时对应的邻居商品 S_j，则将 S_{ii} 划分到 S_j 所在的商品社区；如果所得函数值都不为正值时，S_{ii} 将继续留在初始社区；

第三步：对所有的商品节点 S_i，重复上述操作；

第四步：更新所有的商品 S_i 社区，并将划分到一个社区的商品进行重新编号作为一个新的商品节点，生成新的二部图，两次的二部图进行比较，如果新的二部图的社区拓扑结构与之前有变化，重复执行第二步，直到两次的拓扑结构没有变化时执行第五步；

第五步：输出最终的商品社区划分。

（二）改进的协同过滤算法在商品推荐中的应用

1. 问题表述

将用户—商品评分的二元关系矩阵表示成二部图，描述为 $G(V^u, V^s, E)$ 表示。其中用户总和表示为：$V^u = \{u_1, u_2, u_3, \cdots, u_m\}$；商品总和表示为：$V^s = \{s_1, s_2, s_3, \cdots s_n\}$；用户—商品关系矩阵表示为：$A = \{a_{ij}\}$，其中，当 $a_{ij} = 1$ 表示 u_1 用户选择了 s_1 商品。即规定任意两个用户（商品）节点之间的边的条数越多就表示这两个用户（商品）节点之间的联系越紧密，同时若任意两个用户（商品）都与一个公共节点相连，那么这两个节点也一定存在某种程度的联系，建立用户—商品关系拓扑结构如图 8－2 所示。

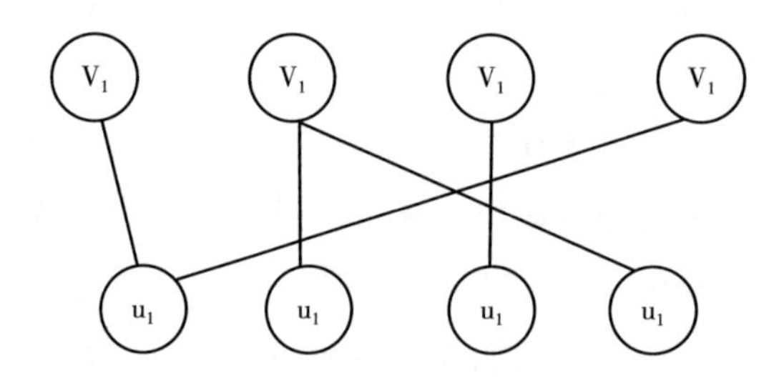

图 8－2　用户—商品关系拓扑结构

2. 相似性计算

第一步：初始化社区。

设置用户节点初始化集合为：$C^U = \{C_1^U, \cdots, C_r^U \cdots, C_{N_c^u}^U\}$；设置商品节点

初始化集合为：$C^O = \{C_1^O, \cdots, C_r^O \cdots, C_{N_C^O}^O\}$，其中 N_C^O、N_c^u 分别用来表示商品节点和用户节点的社区划分的数目。在用户—商品二部图中，Guimera 的模块函数可以描述为：

$$Q_r^U = \left[\frac{\sum_{i \neq j \in C_r^U} C_{ij}}{\sum_{\propto=1}^{n} k_\propto (k_\propto - 1)} - \frac{\sum_{i \neq j \in C_r^U} k_i k_j}{(\sum_{\propto=1}^{n} k_\propto)^2}\right]$$

$$Q^U = \sum_{r=1}^{N_c^u}\left[\frac{\sum_{i \neq j \in C_r^U} C_{ij}}{\sum_{\propto=1}^{n} k_\propto (k_\propto - 1)} - \frac{\sum_{i \neq j \in C_r^U}^{U} k_i k_j}{(\sum_{\propto=1}^{n} k_\propto)^2}\right]$$

其中，Q_r^U 表示用户社区中的任意一个用户的模块函数值；Q^U 表示用户社区的模块函数总和；用户 U_i 和用户 U_j 的商品总和为 C_{ij}，用户 U_i 的度（即与其存在边）是 k_i，商品 $s_\propto$ 的度是 $k_\propto$，表示社区 C_r^U 中的节点数如果为 0，那么定义模块函数 $Q_r^U = 0$。

第二步：求取最近邻。

定义矩阵 $A \cdot A^T = \{aa_{ij}^T\} \in R^{m \times m}$ 表示用户 U_i 和 U_j 选择的相同商品的总数，例如：如果 U_i 和 U_j 选择的相同商品的总数 k 个，则 aa_{ij}^T 的值为 k，且 k 的取值范围为 0 ~ n（其中 n 是商品的总个数）。设置阈值 SD_X，当 k 值低于 SD_X 的值时，说明用户 u_i 和 u_j 的相似度较低，所以不会分配到相同的社区，反之，则认为 u_i 和 u_j 互为邻居用户，属于同一社区。

3. 推荐阶段

针对进行推荐商品的用户，推荐列表的生成方式有三种：第一种推荐列表由被分配到相同的社区的商品构建，第二种推荐列表由邻居用户社区的用户构建，第三种推荐列表是前两种混合方式生成的。为了描述生成的预测评分过程，设置四个概念：

$$R(u_i) = \{u_j \mid u_i,\quad u_j \in C_r^U \text{ andi } i \neq j\}$$

$$R(s_m) = \{s_n \mid s_n,\quad s_n \in C_r^O \text{ andi } m \neq n\}$$

$$L(s_m) = \{u_i \mid a_{im} = 1, a_{im} \in A\}$$

$$L(u_i) = \{s_m \mid a_{im} = 1, a_{im} \in A\}$$

其中，$R(u_i)$表示同用户 u_i 在相同社区的其他用户的集合，$R(s_m)$表示同商品 s_m 在相同社区的其他商品的集合，$L(u_i)$是被用户 u_i 选择的商品集合，$L(s_m)$是选择了相同商品 s_m 的用户集合。

为了得到推荐列表，对基于邻居用户社区进行推荐，用户 u_i 对商品 s_m 进行预测得到评分值表示为：

$$r_{im}^{u} = \frac{\sum_{u_j \in R(u_i) \cap L(s_m)} r_{jm}}{|R(u_i) \cap L(s_m)|}$$

基于商品社区进行推荐，用户 u_i 对商品 s_m 进行预测得到评分值表示为：

$$r_{im}^{o} = \frac{\sum_{o_n \in R(s_m) \cap L(u_i)} r_{in}}{|R(s_m) \cap L(u_i)|}$$

设 T_i^u 表示基于邻居用户社区生成的推荐列表，T_i^o 表示基于商品社区生成的推荐列表，则 T_i 表示对用户 u_i 生成的目标推荐列表。$T_i^{uo} = T_i^u \cap T_i^o$ 表示 T_i^u 和 T_i^o 选择的共同商品，将两者混合表示为：

$$T_i = T_i^{uo} + (T_i^u - T_i^{uo}) + (T_i^o - T_i^{uo})$$

集合中商品的排序按照推荐列表预测得到的评分值进行从高到低排序，取最高值进行推荐。

4. 推荐算法建模

图 8－3 是基于改进的协同过滤推荐算法应用于商品推荐的算法流程图，可以将推荐算法建模过程分成两个部分：用户—商品关系建模和推荐实现建模，在用户—商品关系建模过程中，首先采集用户—商品的评分数据，分别构建用户和商品的二部图拓扑结构，建立用户—商品分类模型，然后搭建用户—商品二部图模型；在推荐系统建模过程中，首先根据二部图模块函数计算用户和商品间的相似值，构建用户—商品相似矩阵，应用改进的协同过滤推荐算法生成推荐列表，将预测得到的商品评分值进行从高到低排序，并对邻居用户推荐商品评分最高的商品，完成商品个性化推荐。

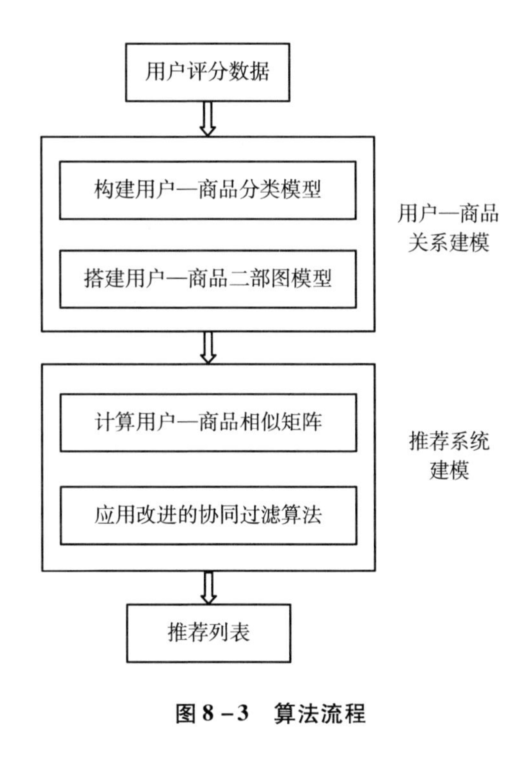

图8-3　算法流程

第二节　建筑领域

一、机器学习在建筑节能中的应用

（一）建筑负荷预测

建筑负荷预测对实现城市能源科学规划至关重要，从根本上影响城市能源的优化管理和合理配置，必须做好区域规划阶段建筑负荷的预测工作。但常规的负荷预测方法难以应用于目前的城市能源规划工作中，因城市规划阶段仅能提供有限的建筑信息。随着科技发展逐渐出现基于 BIM 技术、Energy Plus 能耗软件和深度学习的建筑负荷预测方法，机器学习在建筑负荷预测领域的发展和运用尚未成熟。

CMAC 神经网络可有效解决非线性和网络运算问题，但结构复杂。在此基础上简化模型并拓展可得到 HCMAC 神经网络，其网络泛化能力强且学习速度快，而高维输入导致运算量庞大、无效网络节点数多等问题。对此，有学者提出并行 CMAC 神经网络结构和基于样本聚类的 HCMAC 改进算法。虽提升了学习速度和精度，但算法迭代次数多，判断准则条件模糊，聚类数目随样本变化差异大。

赵艳玲在前人研究基础上提出基于动态模糊 C 均值聚类 HCMAC 神经网络改进算法，构建了可预测高维建筑冷、热、电负荷的模型（见图 8－4）。模型采用合适的采集数据作样本，根据改进神经网络算法步骤编写程序，用样本数据对预测模型进行仿真训练。仿真结果表明，通过神经网络构建的建筑负荷预测模型精度高、普适性强。

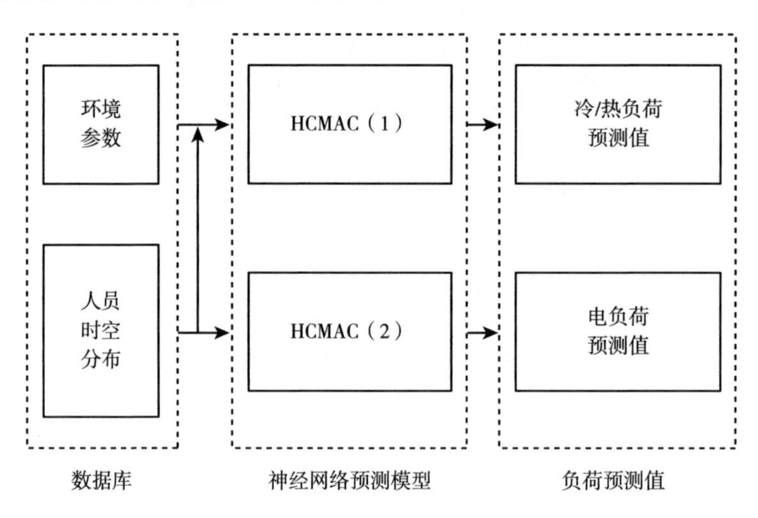

图 8－4 建筑负荷预测模型

（二）建筑节能综合评估

建筑耗能总量呈逐年上升趋势，亟须建立科学的建筑节能指标评价分析体系，以便在设计之初采用节能分析和量化方法客观反映建筑的耗能情况，或对既有建筑的能耗情况进行综合评价，按规定的节能标准实施控制。建筑节能评价定量化的方法随着系统科学、运筹学和电子计算机技术的发展不断翻新。为了更好地分析，国内外学者将机器学习运用到建筑节能的综合评价中，其中神经网络凭借可充分逼近任意复杂的非线性关系，具备自适应、自组织和分布存储等突出特点获得研究者的青睐。

评价指标体系的建立必须具有科学性和实用性。李新辉、吴成东参考国家有关标准，并结合夏热冬冷地区建筑体系的特殊要求，对我国建筑节能的评价指标体系和方法进行研究，建立建筑节能评价指标集（见图8-5）。因评价指标为多方面的，故采用BP神经网络对各类建筑耗能信息进行分析、整理、评估（见图8-6）。网络具有自主学习特点，不仅将各指标影响综合节能效果的规律自动归纳，而且以相对联系的方式将指标权重隐含于网络中，从而使建筑节能效果的评价客观规律，达到简单适用的目的。只需将其他待评价的指标属性值矩阵输入该模型，BP模型可立刻输出评价结果。

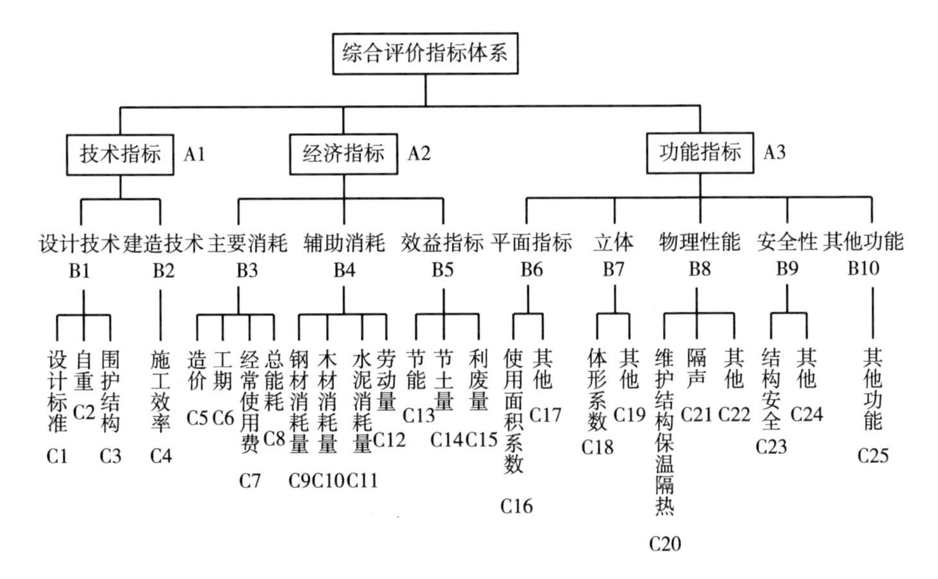

图8-5 节能综合指标评价体系

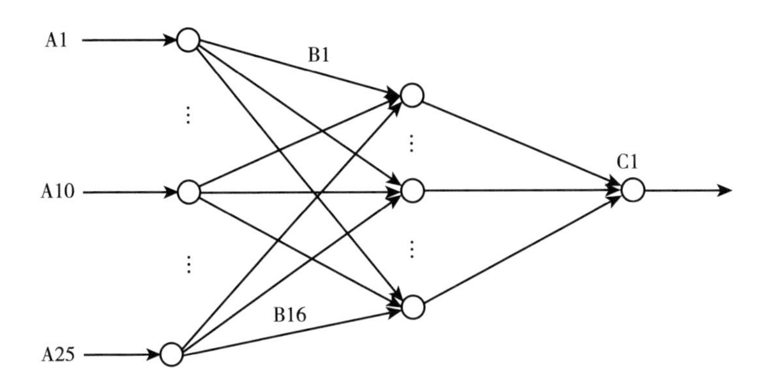

图8-6 用于节能评价时的BP网络结构

二、机器学习在高层建筑火灾风险评估中的应用

（一）高层建筑火灾风险评价指标

从多起高层建筑火灾案例中可以得出，影响火灾发生的因素包括建筑信息情况、消防设施情况、当地地理人文情况、天气情况、单位情况、生产情况、历史火灾情况等。

（1）建筑信息指标。建筑年限、建筑结构类型、建筑高度、建筑层数、建筑各层用途、建筑面积、内部可燃物类型、消防设施数量、消防设施动态信息、入驻单位数量、住建数据、最大可容纳人数、设计审核信息、竣工验收信息等。

（2）历史检查记录。消防组织架构、隐患类型、数量、整改完成情况、证件齐全程度、违建现象等。

（3）地理人文信息。气候类型、建筑所在地人口密度、人均 GDP、市公路总里程、文化程度（各学历层次占比）等。

（4）天气信息。天气类型、温度、湿度、风向、风力等。

（5）单位信息。单位类型、消防宣传培训日志、备案信息、用电数据、人数、经营范围、员工文化程度（各学历层次占比）、从业人员不良记录、社保缴纳信息、管理水平、利润率、消防责任人证书资质、消防维保公司经营资质、维保公司营业额、单位信用情况信息、历史违章信息、电气设备保修情况、消防设施维保信息、消防行政许可信息等。

（6）生产生活其他信息。用水数据、用电数据、危化品数据、燃气使用信息、电梯故障信息、供气数据等。

（二）火灾预测模型的构建

笔者采用朴素贝叶斯分类器、随机森林等多种机器学习算法，通过大数据分析，预测高层建筑火灾概率，基本流程如图 8 –7 所示。

1. 数据预处理方案设计

获取的数据包含两个部分。预测自变量由建筑信息情况、消防设施情

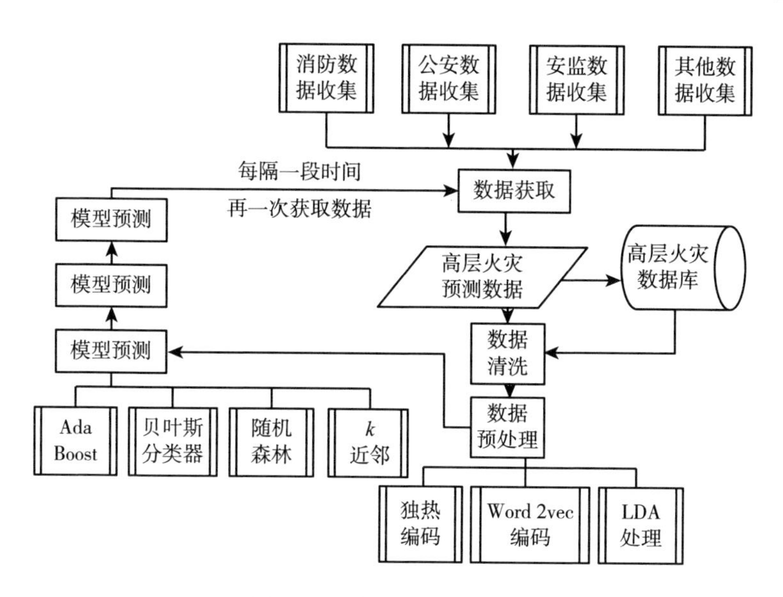

图 8－7　火灾评价模型流程

况、当地地理人文情况、天气情况、单位情况、生产情况几个部分的数据构成；待预测因变量由消防部门历史火灾信息的起火信息构成。

数据需要预处理。一是原始数据清洗，去除重复冗余数据；二是对原始数据中非数值型数据编码操作。

定类型数据，如建筑结构类型、建筑各层用途、建筑可燃物类型等，采用 One-Hot 编码，将定类型数据转为计算机可以处理识别的向量数据。

短文本数据，如历史纪录中的消防隐患和举报信息，文本信息较长，如采用 One-Hot 编码，体现不出文本词汇间的关联，还会导致矩阵稀疏，产生维度灾难。可采用 Word2vec 处理，转换为稠密词向量，不仅降低维度，且所形成的向量可以体现词的上下文含义。具体运用 Word2vec 中的 CBOW 进行短文本的词向量生成，采用文本词向量的平均值表示短文本变量。

长文本数据类型，如备案信息、设计审核信息等，采用 LDA 主题模型生成相对应的向量，从而用于后续处理。

2. 降维与特征选择

由于变量数目较多，而许多变量对于火灾影响微乎其微，因此需要进行特征选择。特征选择方法就是选出与火灾发生与否密切相关的属性变量的一组方法，Relief 是其中一种常用的过滤式特征选择方法。

首先采用 Relief 特征选择方法，删除方差低于阈值的属性变量，之后采用深度置信网络进行降维处理。

3. 模型训练

要求获取的高层建筑的数据已有标定的历史火灾信息，因此，采用监督学习。根据 No Free Lunch Theorem（NFL）定理：一个算法 a 若是在某些问题上比另一个算法 b 好，则一定存在另一些问题使得 b 比 a 好。因此，选择哪个机器学习算法取决于具体问题。对于火灾预测，存在大量变量和数据，变量间有复杂的相互关系，而常见算法中，SVM 适用于小数据量问题，逻辑回归对多重共线性敏感，不适用于评价。可采用 k 近邻、朴素贝叶斯、随机森林和 Ada Boost 四种算法，数据进行 10 次 10 折交叉验证，利用准确率作为权重，取不同算法分类器预测结果的加权平均值，作为算法最终预测结果。

其中，k 近邻算法的投票策略采用加权法，即所有邻居节点的投票权重与距离成反比，增大区分性；搜索策略采用 KD Tree 算法，加快搜索速度。数据进行归一化处理，采用欧氏距离作为距离定义方式，最终给出起火概率。

由于朴素贝叶斯模型针对的是离散的数据类型，对数据集中的连续型数据，要进行离散化，可采用高斯贝叶斯分类器。

在随机森林中，设所有属性数目为 n，每次随机选取一个属性子集，子集中的属性数目取 log2n，采用小数据量样本训练，选择最优的参数，以此决定每棵决策树的最大深度和决策树数目。

Ada Boost 模型也要在小数据量样本中训练并选择最优的个体分类器数目和学习率。

4. 模型评价

模型评价采用错误率、精度和代价敏感错误率。

错误率和精度是最基本的两种分类器性能度量方法。错误率是分类错误的样本数占样本总数的比例，定义为：

$$E(f;D)=\frac{1}{m}\sum_{i=1}^{m}\Pi(f(x_i)\neq y_i)$$

精度是分类正确的样本数占样本总数的比例：

$$acc(f;D) = \frac{1}{m}\sum_{i=1}^{m}\Pi(f(x_i) = y_i) = 1 - E(f;D) \qquad (8-1)$$

将高火灾风险的建筑预测为低风险的代价，要远远高于把低火灾风险建筑预测为高风险，因此采用代价敏感错误率更符合常识。设代价矩阵如表8－2所示。

表8－2　代价矩阵

真实类别	预测类别	
	着火	不着火
着火	0	0.7
不着火	0.3	0

与传统评价方法不同，笔者提出采用机器学习方法对高层建筑火灾发生概率进行预测，建立高层建筑定量化火灾风险评估体系。在独热编码、Word2vec 和 LDA 主题模型处理数据的基础上，采用深度置信网络降维，进一步采用高斯贝叶斯分类器、k 近邻算法、随机森林和 AdaBoost 算法，分别构建分类器，以分类准确率作权值，加权平均得到最终预测的起火概率，采用错误率和代价敏感错误率进行最终模型精度评价。有效避免了传统评估方法主观性过强、评估标准不一、评估结果差异大的问题，从而为高层建筑火灾预防与防控提供依据。该模型可以进一步完善，将历史火灾信息中的火灾损失折合为一项统一的指标，利用大数据和机器学习算法对火灾损失进行预测评估，进一步完善丰富模型。

第三节　医药领域

随着机器学习技术的演进，其在医药领域的应用愈发广泛和深入，机器学习在医药领域的应用正在重塑着整个行业的形貌，并将曾经的不可能变成可能。

一、机器学习在麻醉中的应用

在麻醉领域应用机器学习可对大数据进行数据挖掘或聚类分析，分析高度复杂的数据集，如患者脑电图、血流动力学信号、镇静程度、呼吸抑制或对伤害的反应，或建立模型或公式预测某个发生事件。机器学习在麻醉学科内的研究与应用越来越广泛，已取得初步成果，主要集中在围手术期麻醉管理和术后并发症预测等方面。

（一）围手术期麻醉管理

麻醉深度监测一直是麻醉医师关注的重点问题。麻醉深度不足导致术中知晓可能会对患者造成严重的心理影响，而麻醉剂过量可能会延长麻醉恢复时间甚至对患者产生不可逆的损伤。客观、无创、可靠的麻醉深度监测是临床麻醉的一个挑战。脑电图是脑电活动的记录，包含了大脑不同生理状态的有价值信息，可作为麻醉深度监测的方法。将不同脑电信号参数结合机器学习算法，转为基于生物神经系统结构的数据处理系统，对麻醉状态进行评估，可准确量化患者的麻醉状态。这种方法无需参考患者年龄及所使用麻醉药物，能可靠预测麻醉深度。

低血压是围手术期不良结局的独立危险因素，早期识别术中低血压，采取预防措施，可改善麻醉和手术结局。肯德尔等（Kendale et al.，2018）为探索机器学习算法预测全身麻醉诱导后低血压的价值，分析单中心内年龄大于 12 岁全身麻醉患者的电子病例，以全身麻醉诱导后低血压（全身诱导后 10 分钟内平均动脉压 <55mmHg）为主要结果，以患者术前用药、并发症、诱导用药、术中生命体征为特征建模，通过对性能最佳模型进行优化，并使用分组验证（70% 数据用于训练集，30% 数据用于测试集）的方式评估最终性能，证实机器学习技术可成功预测全身麻醉诱导后低血压。哈蒂卜等（Hatib et al.，2018）将机器学习技术应用于动脉血压波形监测，通过分析每个心搏周期 3022 个特征，创建预测低血压的算法。该算法可检测动脉压力波形的早期变化，提前判断循环系统代偿能力减弱。该研究采用 ROC 曲线评估该算法在预测低血压（平均动脉压 <

65mmHg）的成功性，结果显示：在降压事件前 15min 预测低血压的敏感度为 88%（85%～90%），特异度为 87%（85%～90%）；前 10 分钟的敏感度为 89%（87%～91%），特异度为 90%（87%～92%）；前 5 分钟的敏感度为 92%（90%～94%），特异度为 92%（90%～94%）。

低氧血症会在全身麻醉和手术期间对患者造成严重伤害，其可通过一系列代谢通路造成心脏骤停、心律失常、认知功能下降和脑缺血等并发症。目前没有可靠的指标用于预防围手术期低氧血症，仅可通过脉搏血氧饱和度实时监测血氧。伦德伯格等（Lundberg et al.，2018）根据电子病例系统中的高保真麻醉数据构建机器学习系统，预测麻醉中低氧血症的发生，并在全身麻醉期间实时解释风险和促成因素。研究发现体质量指数是术前预测患者术中低氧血症的重要指标，患者术中的血氧水平对预测结果贡献最大。根据研究结果，如果麻醉医生可以预测 15% 的低氧血症事件，在机器学习系统的辅助下则可提高至 30%，有利于更多高风险患者通过早期干预获益。机器学习系统可通过自我分析预测风险，实时发出警告，优化麻醉操作。

准确判断气管导管拔管时机是麻醉及重症监护关注的重点。拔管的方法或时机不合适，可能会导致严重的拔管后并发症甚至需要重新插管。在一项前瞻性、多中心观察研究中，研究者使用机器学习技术分析 250 例极早早产儿（妊娠期≤28 周）拔管前的各项生理监测指标，建立预测早产儿最佳拔管状态的自动化系统。该系统将把数据采集、信号分析和结果预测集成至单独的应用程序中，用于协助临床医生确定早产儿最佳拔管时机。这项机器学习框架也可用于指导全身麻醉患者术后气管导管拔管的时机选择，为患者提供更好的临床麻醉管理方案，减少围手术期并发症，改善患者预后。

（二）术后不良事件预测

机器学习算法在预测围手术期不良结局，干预和提高术后重症监护方面有巨大的潜在效能。尽管大多数统计学方法如 Logistic 回归和线性回归等，已经证明有中等的围手术期不良事件预测效应，但其预测能力和实用性有限。机器学习技术可结合时间序列数据并从中提取患者的数据特征，因此利用机器学习技术建立预测模型可动态预测患者围手术期不良结局。一项单中心研究回顾了2010例心脏直视手术和胸主动脉手术患者的基本医疗状况、麻醉和手术中相关数据，采用ROC曲线比较不同机器学习技术与Logistic回归预测患者术后急性肾损伤的能力，结果发现，机器学习技术中梯度推进机对患者术后急性肾损伤的预测能力（AUC为0.78）优于Logistic回归（AUC为0.69）且错误率更低，该机器学习算法可实时处理术中数据，并在患者心脏手术结束即刻预测患者急性肾损伤的发生风险。

术后疼痛是围手术期常见并发症，术后镇痛不全可使急性疼痛发展为慢性疼痛，导致患者痛觉过敏和神经病理性疼痛，影响术后康复和生活质量。有效的疼痛评估对准确评估患者的疼痛程度非常必要，便于选择适当的时机给予患者进行个体化治疗方案。在一项回顾性队列研究中，研究者采用5种机器学习算法（LASSO回归、梯度增强决策树、支持向量机、神经网络和k－近邻算法），对8071例外科患者的796项疼痛相关特征数据进行分析，并对患者术后中重度疼痛进行预测。结果显示，术后第1天，患者重度疼痛的预测中：LASSO回归的AUC最大为0.704，梯度增强决策树为0.665，k－近邻算法为0.643。对于术后第3天患者中重度疼痛的预测，LASSO回归同样具有最高的精确度，AUC为0.727[①]。机器学习算法通过分析患者电子病例数据，可以准确预测术后急性疼痛的发生，预测精确度取决于采用的机器学习算法。

选择性5－羟色胺再摄取抑制剂（selective serotonin reuptake inhibitors，SSRIs）作为抑郁症患者的治疗药物，可抑制肝酶CYP－2D6活性，降低需要通过此酶代谢进行转化而发挥镇痛作用的前体阿片药物（如氢可酮）的疗效。帕提亚等（Parthipan et al.，2019）采用机器学习算法，对术后联合使用SSRIs和前体阿片药物的抑郁症患者进行疼痛预测，采用10倍交叉验证法评估模型，得出术前疼痛、手术类型和患者对阿片药物的耐受性是影响术后疼痛的最强预测因子。这项研究首次提供临床证据证明，SSRIs抑

---

① Tighe P. J., Harle C. A., Hurley R. W., et al. Teaching a machine to feel postoperative pain: combining high-dimensional clinical data with machine learning algorithms to forecast a-cute postoperative pain [J]. Pain Med, 2015, 16 (7): 1386－1401.

制前体阿片类药物疗效，影响抑郁症患者术后疼痛控制。

脓毒症的预测极具挑战性，患者早期临床表现特异性不明显，病情易迅速恶化，如能早期预测脓毒症，则可降低死亡率。InSight 机器学习分类系统可以通过患者多参数智能监护数据集，包括生命体征、外周毛细血管血氧饱和度、格拉斯哥昏迷评分和年龄等变量预测脓毒症的发生。此外，InSight 系统在不可用性、显著随机数据删除的情况下，也能有效预测脓毒症的发生。

伊尔等（Hill et al.，2019）采用随机森林算法从全身麻醉患者电子健康记录数据中提取 58 个术前特征，建立预测患者术后死亡率的自动评分系统，结果发现，术前特征自动评分系统（AUC 为 0.932）对手术患者术后死亡率的预测优于预测术后死亡率的术前评估量表（AUC 为 0.660）、Charlson 并发症指数（AUC 为 0.742）及美国麻醉师协会（American Society of Anesthesiologists，ASA）评分（美国麻醉师协会根据患者体质状况和对手术危险性进行分类）（AUC 为 0.866），如将 ASA 评分纳入术前特征自动评分系统，该系统的预测能力提高（AUC 为 0.936）。自动评分系统有助于在术前快速确定最有可能发生术后并发症的患者，进行早期干预，使医疗资源分配至最有可能受益的人群。

二、决策树模型在中医药领域的应用

（一）在疾病风险评估中的应用

风险预测模型是慢病防治的重要手段。中国的医疗卫生体系正在经历着由以治病为中心向以健康、预防为中心的转变。通过风险评估与预测来筛选高风险患者群，然后采取有针对性的治疗或预防策略，可以大大降低疾病的发生率。利用决策树构建风险评估模型是早期发现、预测和预防各种疾病的一种有效方法。

目前针对西医危险因素的研究较多，如采用 C5.0 决策树算法预测 2 型糖尿病患者发生脑梗死风险，或进行早期胃癌风险评估。

针对中医危险因素构建疾病风险预测模型的研究相对较少。吕航等

(2017) 对2型糖尿病患者伴发非酒精性脂肪肝风险进行了预测，通过测定这些患者中医人格及体质类型并收集其临床指标，运用决策树方法建构风险预测模型，结果发现3条预测非酒精性脂肪肝的患病风险规则，经验证预测准确度为87.1%。同时，该课题组还构建了2型糖尿病患者伴发冠心病的风险预测模型，结果发现少阴人格及阴寒血瘀体质类型的2型糖尿病患者发生冠心病的风险较大，其预测准确度高达93.6%（吕航，杨秋莉，杜渐等，2017）。

随着生活水平的提高、医疗理念的转变，越来越多的人意识到疾病预防的重要性，中医“治未病”的观念开始越来越受到全社会的关注。因此，今后应加强并普及机器学习在中医疾病风险评估中的应用，不仅可防治未病，还可提升高危人群早期筛查准确度。

（二）在中医病症诊断中的应用

疾病诊断的过程也是分类疾病的过程，是根据患者的临床表现特征划分到某一疾病的过程。决策树对较多混杂因素和数据进行分析是通过一系列规则对数据进行分类的过程，适合应用于疾病诊断中进行研究。且有实验数据表明，机器学习对一些现代疾病的诊断准确率已达到医生水平，或部分诊断率已超过医生。中医诊断学的精髓在于“辨证论治”，辨证准确，疾病才能得到有效的治疗。除了临床医师自身的诊疗经验外，应用决策树算法建立辅助中医诊断或辨证分型系统，可能是提高中医辨证准确率的一个有效途径。

徐蕾等（2004）将决策树方法应用在慢性胃炎中医辨证分型模型构建中，将26个对中医辨证分型有意义的因素按其重要性进行排序，发现当决策树叶子数目增长至126个时，正确分类率达到了最高点。模型构建成功后对406例慢性胃炎患者的中医证型进行预测，发现该模型区分各类证型的灵敏度和特异度较高，证明模型构建成功，适合应用于慢性胃炎的中医证型诊断。谢雁鸣等（2007）利用决策树分别建立了原发性骨质疏松症的阳虚诊断模型和阴虚诊断模型，发现阴虚诊断模型以五心烦热、盗汗以及便秘3个变量为主，诊断准确率达99.72%；阳虚诊断模型以头晕、气短、畏寒肢冷、腰膝酸软及大便稀溏5个变量为主，诊断正确率达99.87%。

还有学者用决策树模型构建高血压痰湿壅盛证诊断模型，慢性阻塞性肺病中医诊断模型，慢性乙型肝炎肝胆湿热证和肝郁脾虚证的诊断模型等。这些模型的成功构建，说明决策树模型适合应用于中医诊断和中医辨证分型。

（三）在方药配伍中的应用

吴嘉瑞等（2014）建立决策树模型探讨中药七情配伍中相使、相恶药对的药性规律。在成功建立模型后，选取《本草纲目》中有确切药性记载的部分药对进行验证，结果发现，应用建立的模型能够正确判断配伍方式的药对仅有 131 对，准确率为 45. 6%，说明建立的模型与实际差异较大，不适于推广应用。张春生等（2018）利用 C4. 5 决策树算法研究方剂配伍规律，将治疗“赫依病”的 27 个方剂作为主要研究对象建立决策树分类模型，发现紫草茸是治疗骨赫依的关键药物，五灵脂是治疗大肠赫依的关键药物等结果，对临床有一定的指导意义。

在应用机器学习方法研究中医方剂配伍规律方面，目前多采用聚类分析、关联规则或神经网络等方法进行研究，应用决策树算法对方剂配伍规律的研究相对较少。决策树模型适用于分类与预测，因此在中药领域的研究多集中在对中药药性的预测、中药化合物的筛选、中药不良反应的预测等。

（四）在中医证候与理化指标相关性中的应用

证候是中医特有的概念，是疾病在发生和演变过程中某一阶段本质的体现，多通过中医四诊信息所获知，能够为辨证论治提供依据。理化指标是疾病诊断过程中的重要参考之一，是评价和界定疾病发生发展的标准。近年来，有学者就中医证候学特点与病理生理进程密切相关的理化指标的相关性进行研究，以期寻找疾病及其证候与理化指标间的关联规律，实现证候－理化指标之间的信息互通，为中医的辨证提供生物学参考，实现中西医结合诊断与治疗的目的。

张军鹏等（2018）将冠心病心绞痛合并糖尿病患者的临床基本资料、理化指标和中医四诊信息进行综合分析，筛选出与气阴两虚证最相关的理化指标6项，形成7条识别途径，经验证，该模型识别气阴两虚证准确率高达77.00%。史琦等（2012）基于决策树方法将冠心病心绞痛合并糖尿病患者气虚证与理化指标相关联，发现基于核心理化指标建立的气虚证决策树模型的检测正确率为77.78%。这些研究说明临床理化指标对中医证型诊断具有较高的实用价值，能够用现代生物学信息解释中医证候，从而为中医药临床研究走向世界提供了依据。

（五）在预后评估中的应用

疾病的预后评估是对疾病发生后各种不同结局的预测，在疾病的治疗过程中，由于患者的年龄、基础状态、体质、合并疾病等诸多因素的不同，即使接受了同样的治疗，预后也可能有很大的差别。利用决策树模型，针对疾病预后因素进行分析和疾病结局进行预测，可以有针对性地对不同患者采用不同的治疗手段，进一步提高患者的治愈率或生存率。

查青林等（2006）利用决策树模型探索类风湿性关节炎证候信息与疗效的关系时，将397例确诊为活动期类风湿性关节炎患者随机分成中药观察组和西药观察组，收集患者各项诊查指标和中医四诊信息，中药观察组共纳入变量20个，西药观察组纳入变量26个。结果发现中药观察组中关节压痛程度、晨僵、夜尿多、舌淡红4项指标疗效有差异；西药组中晨僵、白细胞数目、C反应蛋白和舌苔白这4项观测指标疗效有差异。郜洁等（2016）采用决策树回顾性分析中西医结合治疗输卵管妊娠影响因子及预后的风险因素，共筛选出5个对预后有重要影响的变量，可比较准确地预测早期输卵管妊娠的预后。

（六）在成本-效果分析中的应用

在疾病的治疗过程中，往往会有多种治疗方案，除了疗效，成本也是需要考虑的一方面，综合成本-效果才能确定最合理的治疗方案。成本-效果分析是目前药物经济学评价中应用较多的方法，通过分析和比较不同治疗方案的花费和疗效，计算每种治疗方案的成本效果比，该比值越小说明治疗方案越合理。运用决策树进行成本、效果分析可以为临床合理用药和疾病防治决策提供科学依据。

宣建伟等（2017）在玉屏风颗粒治疗儿童反复呼吸道感染成本－效果分析中运用到了决策树模型。将常规治疗、玉屏风颗粒联合常规治疗、匹多莫德、玉屏风颗粒联合匹多莫德4种治疗方式进行比较，发现玉屏颗粒联合常规治疗比常规治疗成本效果比值低；玉屏风颗粒联合匹多莫德相对匹多莫德单用治疗小儿反复呼吸道感染，能够减少反复呼吸道感染发生次数，具有绝对的成本－效果优势，不仅有更好的疗效，还能减少总体医疗花费。

大数据时代的到来，为中医药领域带来了巨大的机遇与挑战。利用机器学习处理几千年来中医药领域累积的大数据，可促进传统医学大数据的有效利用，为我国中医药学的发展带来机会。决策树模型适用于分类、预测和规则提取，目前，决策树已经在中医病证诊断、辩证论治及预后等方面有了较好的应用。然而在疾病风险评估、高危因素预测、预后评估等方面应用不足。随着中医“治未病”观念的普及和接受，如何利用机器学习方法了解疾病高危因素，及时进行疾病风险评估以更好发挥中医“治未病”的优势是我们今后要努力的方向。

三、人工神经网络在中药研究领域的应用

（一）在中药制剂学中的应用

中药制药过程影响因素众多，在提取过程中涉及提取方法、药材颗粒大小、提取时间、提取次数、提取温度、浸泡时间、溶剂用量、溶剂种类等；在浓缩过程中涉及液位、温度、压力（真空度）、蒸气压力调节阀开度等因素；醇沉工艺中涉及需要达到的乙醇浓度、初膏浓度、乙醇用量以及药液温度、加醇方式、室内温度、醇沉时间等因素；成型工艺中涉及辅料用量、种类、比例、混合成型方法、时间等。制药工艺条件的最终确定直接影响成品的质量，工艺条件的优化是制药过程研究最为重要的部分之一。目前工艺设计的实验方案多采用正交设计、均匀设计、响应面设计等方法进行优选，然而这些方法在处理多因素、多水平的非线性问题时存在明显的缺陷，往往只能进行局部选优，并且实验周期长，实验成本高。而

ANN 以实验数据作为训练集进行训练后可获得较优的数学规律模型，从而更为准确地对工艺过程进行优化。

1. 提取工艺优化研究

提取过程作为中药制药工程的先行步骤，提取工艺的优化对制药生产有着举足轻重的作用，历来是制药工艺优化的关键。但提取过程中影响因素众多，且由于成分众多，提取过程又为多组分发生交叉化学反应创造了有利条件。正源于此，也形成了最终中药提取物“粗、大、黑”的固有弊端，同时众多反应的出现也造成了提取过程的模型多为非线性且更为复杂。而 ANN 在处理多因素非线性关系的复杂问题上拥有十分出色的计算模拟能力，如果设计合理，ANN 能以任意的精确度逼近任意复杂的非线性映射，因此使用 ANN 进行提取工艺优化优势明显。有研究采用 BP 神经网络模型结合遗传算法或 R 语言等对生物碱、皂苷、黄酮等活性成分的提取工艺进行了优化，获得了更迭次数少且精密度高的优化工艺参数。这些研究为其他中药活性成分提取工艺的优化提供了研究思路。利用 ANN 与传统正交设计、响应面设计等实验方法相结合，可以提高所获得工艺参数的优化精度，同时降低了数据处理的难度。但 ANN 是通过调整神经元之间的权值或阈值进行拟合，其拟合过程不存在具体的函数表达式，因此优化值不能以传统的优化方法来获得。然而遗传算法的引入则可协助 ANN 更好地解决中药活性成分提取优化过程中的非线性问题。可根据具体实际过程结合其他方法使 ANN 更好地适用于中药提取过程。

2. 控缓释制剂制备工艺优化研究

中药剂型的创新是中药开发的重要载体，控缓释制剂通过制剂学手段调整药物的动力学行为，克服某些药物临床顺应性差的缺陷。近年来，中药控缓释制剂的研究开发受到了广大药剂工作者的重视，推动中药制剂的快速发展。但中药成分复杂，理化性质并非各成分的简单加合，制备过程优化困难。国内外学者利用 ANN 的处方设计和预测功能，可较好地优化制剂制备工艺，研究表明，采用 ANN 优化控缓释制剂制备工艺的结果明显优于正交试验设计，如果在 ANN 的基础上结合粒子群优化法处理制剂工艺的多维非线性问题将取得更好的效果。

中药制剂工艺对制剂质量的影响巨大，而传统优化方法的精确度受限，ANN 具有更好的预测及训练能力，通过强大的计算机赋值筛选过程，寻找各因素的最佳条件，以获得优化工艺。通过此法进行优化的过程可以在对有效成分无显著性差异影响的情况下，优选出适合大生产的工艺条件，并有望在实验室小规模生产工艺路线打通后，将之放大至工业生产中。可以利用模拟优化算法验证、复审、完善实验室工艺确定的生产条件，为工业化生产设备选型及正式生产物料能量消耗等提供数据，大幅降低研发成本。

3. 体内－体外相关性评价研究

在一般药动学吸收、分布、代谢、排泄（ADME）的动态变化过程中，量—时—效关系需要利用一定的数学模型进行拟合分析。而中药制剂的体内外研究难点在于制剂成分复杂，化学反应多且体内有效成分的血药浓度难以监测。单成分的体内外研究往往利用体外释药数据来预测药物体内过程，有效简化研究过程。在 ANN 用于中药制剂体内外相关性评价研究过程中，可对体外累积释放百分数与体内吸收分数之间建立线性拟合关系，再通过药动学模型结合 ANN 根据所得数据训练网络，确认处方成分和体内相关参数的关系，利用测定药物的释放度和动物体内的血药浓度，验证所得模型的准确性。通过采用 ANN 对药物的量效、时效关系的智能化训练学习，可以建立起某种药物的量—效、时—效及量—时—效的人工智能模型，同时 ANN 的预测性可初步估计体内外相关性，从而减少实验难度，有效缓解生物等效性评价预测值与实测值的差异矛盾，提高其一致性研究的成功率。

4. 中药药动学研究

中药复方是多成分共同作用的系统，其药效系多成分共同作用产生拮抗或协同的效果。但药效研究过程中干扰因素多、有效信息大量缺失，中药药动学研究决不能也无法简单套用单成分研究的方法和思路，而必须在整体观念的指导下开展研究才是正确的方向。中药成分的多样性、药效成分的不确定性及成分之间的相互作用为中药药动学研究带来了巨大的困难，而具有自适应性，能处理非线性关系的 ANN 模型则可以在中药药动学研究过程中发挥重要作用。有研究将 BP 神经网络用于预测山茱萸中莫诺苷的药动学参数。建立［2－11－5］的网络结构，输入层包含 2 个神经元，即给药剂量和大鼠质量；输出层包含5个神经元，代表山茱萸中莫诺的5个药动学（PK）参数：半衰期（$t_{1/2}$）、峰浓度（C_{max}）、达峰时间（t_{max}）、药时曲线下面积（AUC_{0-t}）和AUC_{0-inf}，通过大量训练数据建立输入、输出数据之间的关系。该方法能够较好预测AUC_{0-t}、AUC_{0-inf}及C_{max}，而$t_{1/2}$、t_{max}得到结果有较大差异，该研究结果尚能客观准确地反映各因素的内在关系，并有助于指导符合中医理论特点的整体体内外评价影响的研究。

在中药群体药动学研究过程中，可采用非线性混合效应模型法先获得目标药物中各单体成分的群体药动学参数，再经优化处理后，采用总量统计矩法拟合出各成分群体药动学参数。但仍存在需要获得各单成分参数方可开展研究的问题。因此，如能在总量统计矩等相关数学模型的基础上，运用ANN将给药情况与药效学、给药情况与药动学、药动学与药效学或其他与治疗相关的因素相关联，将能够更好地应用于中药多成分药动学研究。

（二）在中药鉴定学中的应用

中药材产地较多，同名异物、同物异名的现象众多，给中药材鉴定带来巨大困扰。模式识别方法的应用带来了解决问题的思路。所谓模式识别是指对表征事物或现象的各种形式的信息进行处理和分析，以便对事物或现象进行识别、分类和解释，基于这些特点，ANN在中药材产地、品种及真伪鉴别中亦有着广泛的应用，能够为市场规范管理提供可行的方法。

1. 中药材产地鉴别

中药材产地众多，同种药材不同产地质量差异明显，道地药材的概念也正源于此。在中药材产地鉴别的相关研究中，ANN与红外光谱解析结合得到了广泛应用。如在枸杞的产地鉴定，预先测定45种不同产地枸杞样品的红外光谱，结合小波变换对光谱变量进行压缩以提高神经网络的训练速度，利用ANN聚类分析进行预测鉴别，正确识别率极高。如能利用ANN结合传统产地鉴别技术，能够更加适合于大批量样品的产地快速鉴别，且可靠性较高，可以为中药材产地鉴别、质量监控等提供新的方向。

2. 中药材品种鉴定

中药材品种鉴定多需要大量样本训练，以保证其结果准确性。当前的品种鉴定中，无论是应用傅里叶红外扫描紫花地丁样品，结合 BP 人工神经网络处理数据，建立相应指纹图谱分析，还是利用电子鼻技术获取不同储藏年限陈皮气味信息并转化为相应信号数据，采用 BP 人工神经网络预测准确率，均具有实际应用价值。利用 ANN 技术可快速对中药材品种进行鉴别，同时可在此基础上进一步建立中药材质量标准，保障中药材质量，为中医药现代化奠定物质基础。

3. 中药材真伪鉴别

近年来，中药材市场的大规模药材流通，其巨大利益驱使部分人铤而走险，以假乱真，严重影响了人民群众用药的安全、有效及中医药事业的健康发展。ANN 作为拥有大量神经元节点的自适应非线性动态系统，通过调整内部大量相互连接节点之间的关系，及时反馈信息，其最典型特点在于其模式识别，将多种药材样本的特征向量作为输入量，进而能进行质量评价及中药鉴定。在众多中药真伪鉴别中，有研究采用衰减全反射傅里叶变换红外光谱（ATR-FTIR）法结合神经网络或使用卷积深度神经网络识别系统分别对薏苡仁与草珠子种仁，人参、西洋参饮片进行真伪鉴别，获得相应特征向量集和正伪品数据集。这种结合可解决传统鉴别技术预处理复杂、人为干扰因素多等问题，有效降低中药材真伪鉴别难度，为市场流通伪品鉴别提供识别手段，对于药材质量保证有重要的实用价值。但要将 ANN 技术在真伪鉴别中广泛应用则需要采集更多中药材饮片数据集，建立数据库扩充中药材鉴别品种。

（三）人工神经网络与中药基本理论

1. 中药药性研究

中药的性味归经作为传统中药药理学的核心，迄今依然指导着中医临床治疗，作为中药和中医连接桥梁的理论基础。但在现代医学中，并未得到明显的重视。其主要原因是涉及多种因素，首先中药药性作为一个整体，分割简化的研究完全不能印证实际上的中药性味归经混杂存在；其次中药药性是有限的而中药的作用是广泛的，对于整体作用的规律采用分解式逼近不符合中药的整体观。中药药性的研究大多采用类似电子鼻、电子舌等相关仿生技术进行信号处理，模式识别技术的则能较好地处理数据，其中不仅限于 ANN，主成分分析、聚类分析、线性判别分析往往都具有该项特征，皆有相关应用。

研究思路先后以单因素和多因素建立非条件 Logistic 回归，筛选与药性相关的有统计学意义的药材属性特征，再构建基于中药材属性特征的药性判别的 BP 神经网络模型，并以此模型对药材的药性进行判别分类。有研究利用经验得到对中药的认识，以评分形式做主观量化；然后以此评分为学习样本，训练 BP 网络拟合评分人员的认识方式，建立中药数值化的主观评价模型。在不考虑中药相生相克关系的前提下，以补益类复方药性特征数据为研究对象，利用结合图形用户界面（GUI）仿真界面实现功效预测，采用 BP 神经网络挖掘中药的四性、五味、归经与其中药功效的内在联系，建立中药复方的四性、五味、归经和功效的预测模型。

2. 中药有效成分含量测定

目前中药产品通常存在由于缺乏有效的分析过程而质量不稳定的问题。中药分析手段多采用高效液相色谱（HPLC）法和薄层色谱（TLC）法进行含量测定，往往存在着耗时长、重现性差等缺点，需寻找出合适的技术对普遍认知的测定方法进行改进。如在中药制药过程的近红外光谱分析，建立校正模型是其最为重要的一步。在线性模型中，多元线性回归分析（MLR）、主元回归法（PCR）、偏最小二乘法（PLS）最为常用；在非线性模型中，BP-ANN、支持向量回归（SVR）、随机森林（RF）等非线性拟合算法出现频率也较高。

ANN 能分析中药体系存在的非线性现象及其产生根源。针对普通神经网络训练慢、容易陷入局部最优的缺点，发展了采用循环监控的改进 BP-ANN 计算方法。用光谱主成分作为网络输入，以消除光谱中存在的共线性，用相关光谱图和性质权重光谱图筛选得到特征光谱范围，并对网络结构进行了系统优化。当前对部分中药的研究中，有将传统红外紫外分析方法同 BP-ANN 结合测定甘露醇含量，所得结果精度优于 PCR 和 PLS。在基本神经网络下将虚拟组分 - ANN 结合，建立训练网络和拟合网络的双网络 ANN 算法，在不经过分离的前提下，对秦皮甲素，秦皮乙素多组分浓度的同时测定，使复杂中药体系多组分浓度预测的准确度大大提高。将 ANN 技术应用于中药含量分析预测，多种方法结合分析使用，相得益彰，摒弃各自缺陷，可挖掘出高效、合理的分析方法。

ANN 作为一种计算工具克服了传统计算机在处理非逻辑、非线性信息方面的缺陷，具有自学习、自适应、高速寻找优化解的能力。凭借模式识别理论特征，建立了多种中药的有效且科学的质量评价方法。随着 ANN 的理论和技术的不断发展，在存在着大量的多因素、多水平、非线性优化问题的中药研究领域，ANN 必将得到更加广泛的应用。同时也应清楚地认识到 ANN 的局限性，即取样要有一定的广度和均匀性，否则易出现训练时间过长、过度拟合、不稳定等问题。ANN 在中医药研究领域中的合理应用，能完美展现中药复方用药精髓。在推动中药产业的发展、中药复方的研究开发、中药药性研究以及中药材鉴定等方面提供更精密合理的算法。ANN 在中药研究领域中的应用及发展对中医药现代化、人类健康及国民经济等将有巨大推动作用。

第四节　其他领域

一、人工神经网络在食品工业中的应用

（一）在食品微生物学和食品发酵中的应用

1. 在微生物发酵中的应用

微生物发酵生产过程中存在着温度、时间、pH 值等变量，其内在机理非常复杂，难以用精确的数学模型来描述，因此尝试使用 ANN 用来解决这些问题。张瑶等（2010）以赖氨酸发酵过程为研究对象，在软测量理论的基础上，采用动态递归模糊神经网络建立软测量模型，对发酵过程中的 3 个重要变量进行预测，而孙丽娜等（2018）提出了一种基于核主元分析与动态模糊神经网络相结合的软测量方法，建立了海洋蛋白酶发酵过程生物参量软测量模型；结果都证明，此种软测量模型能很好地满足发酵过程

中生物参量的测量要求。由于生物发酵过程具有高度非线性和明显的不确定性等特点，所以人工神经网络技术的应用就尤为重要。ANN 可用于预测产品产量，杨旭华等（2004）为了提高产品获得率，通过建立 BP 神经网络和傅里叶神经网络，建立了发酵时间和温度模型，结果表明，产品的平均得率提高 5%。王强等（2019）通过 BP 神经网络和遗传算法相结合的方法，对番茄发酵培养基的组成进行了工艺优化。建立的 BP 神经网络输入变量为玉米粉、玉米浆、大豆油、磷酸二氢钾和硫酸镁，输出变量为番茄红素的体积产量，结果证实 BP 神经网络结合遗传算法的方法是番茄红素发酵培养基优化的有力工具，最终番茄红素产量显著提高。ANN 也可用来预测最优工艺参数，李黎等（2017）采用木糖醇、发酵枣粉与乳粉混合来进行发酵，最终制成木糖醇红枣酸奶，通过正交试验设计对工艺进行优化，然后建立 BP 神经网络模型，选出最优参数。结果表明，在酸奶的发酵过程中，一定程度上发酵枣粉能够缓解冷藏期间因酸度过高而对有益菌的抑制作用，最终所制酸奶口感细腻，并且具有独特的红枣风味。通过以上研究可以得出 ANN 在解决微生物发酵过程中不仅能对发酵过程的重要变量进行预测，还能通过输入多个变量来对微生物发酵的产量进行预测，能够有效地提升得率，改善产品品质。

2. 在食品酶工程中的应用

在食品酶工程中，酶解工艺条件受多方面因素，酶反应系统是非线性和非稳态的生物反应系统。ANN 有其独特的优点和独特的特性，在涉及大量数据的情况下，它是一种具有高预测能力的方法，是建立和模拟高度非线性多变量关系的有效方法。丛嘉昕等（2018）为了提高草莓果浆的品质，建立响应面和多层感知神经网络模型，比较两种模型对果浆超声酶解工艺参数优化的预测结果。结果表明，多层感知神经网络模型的预测能力是优于响应面模型。李新年等（2016）采用酶提取法来提取胶原蛋白，使用正交试验和 BP 神经网络模型优化提取工艺，结果证明，BP 神经网络结合正交试验的方法是不需要增加试验次数，就能够分析酶提取胶原蛋白影响因素的变化规律，并且找到最佳参数。陈铁军等（2016）以大马哈鱼皮为原料制备明胶，使用复合酶（胰蛋白酶和碱性蛋白酶）对其进行酶解，输入参数为胰蛋白酶质量浓度、底物质量浓度、碱性蛋白酶质量浓度、游离谷氨酸和赖氨酸，输出参数为水解度，并且建立酶传感器 - ANN 预测模型。结果表明：在一定的复合酶酶解条件下，与水解度具有显著相关关系的是酶解液中游离谷氨酸和赖氨酸含量。比起传统的方法，通过建立 ANN 模型，并且结合响应面试验方法、遗传算法、正交试验等对试验工艺进行优化，在食品酶工程中可以得到更好的试验结果。

3. 在食品生物活性物质方面的应用

李杰等（2019）研究了花椒黄酮的提取工艺以及其体外抗氧化活性，他采用 BP 神经网络和遗传算法相结合的方法，对影响花椒黄酮提取得率的 4 个因素进行了研究，最终确定了花椒黄酮的最优提取工艺为：乙醇体积分数是 57%，提取时间是 94 分钟，提取温度是 63℃，料液比是 1∶28（克/毫升）。试验结果最终证明，花椒黄酮具有非常好的清除自由基能力和抗氧化活性，并且花椒黄酮清除自由基的能力与提取液浓度有很好的量效关系。左光扬等（2015）分析了谷氨酰胺转氨酶（transglutaminase，TG 酶）加工工艺的条件，对影响 TG 酶酶联过程的 3 个关键因素（添加量、温度和时间）进行了模拟训练，建立了 TG 酶加工条件影响鱼糜凝胶强度的神经网络模型。结果表明，建立的神经网络模型可以准确预测 TG 酶的作用条件与鱼糜凝胶强度的关系，具有很好的预测能力，预测值与试验值的相对误差（relative error，RE）较小（$R^2=0.9936$）。朱会霞等（2020）分析研究了紫花苜蓿总黄酮的提取率，对影响总黄酮提取率的 4 个工艺参数（液料比、提取时间、提取温度和乙醇浓度），依据四因素五水平正交试验建立学习样本进行训练，运用遗传神经网络进行预测，结果得出，紫花苜蓿总黄酮最佳提取工艺参数为：液料比 53.26 毫升/克、提取温度 70.96 摄氏度、提取时间 50.32 分钟、乙醇浓度 60%，紫花苜蓿总黄酮提取率达到最大值 6.51 毫克/克，这种条件下的提取效果比较好。通过以上文献可以看出，ANN 在生物活性物质方面具有较好的预测能力，并且能够处理大量的数据，得到最优的工艺参数，ANN 模型在生物活性物质提取方面将有更加广阔的应用空间。

（二）在食品干燥方面的应用

干燥已被证明是人类保存食物的一种很好的方式，它具有许多优点，例如，体积减小、货架期长、包装要求低等。但它也是复杂的、动态的、高度非线性的、强相互作用的、多变量的过程，在干燥过程中是很难判断物料的干燥状态和干燥终点，可能会导致产品质量差、能耗高，使用一般的数学模型可能无法有效地绘制干燥特性的趋势图。因此，很多人建立了 ANN 在不同干燥条件下的预测模型。

1. 红外干燥

红外干燥技术有着能源利用率高、干燥后品质高及不污染环境等优点。但是，红外干燥过程中含水量的变化是一个尤其复杂的过程，而预测含水量和质量参数对提高干燥过程的整体性能是非常有用和必要的，精确地预测可以使最终产品达到最佳质量，并缩短加工时间。为此，许多研究者利用矩阵实验室神经网络工具箱建立了神经网络预测模型。

林喜娜等（2010）建立了远红外干燥双孢蘑菇的神经网络模型，分析了干燥过程中双孢蘑菇的含水率与各因素（辐射强度、辐射距离、物料厚度、物料温度）之间的关系，研究结果显示：BP 神经网络可以准确高效地建立模型，并且模型的预测值与实测值拟合比较好。李超新等（2015）运用人工神经网络模型，对红枣红外辐射干燥特性试验数据进行了预测，分析了红枣干基含水率与辐射温度、辐射距离之间的关系，通过对实测值和模型预测值进行分析研究所得，BP 神经网络可以快速准确地预测红枣含水率的变化规律。

2. 真空干燥

真空干燥是一种新型的干燥技术，具有节能、干燥时间短、干燥品质好等优点，目前已得到广泛应用。

黎斌等（2017）为了达到魔芋的规模化真空干燥，缩短干燥时间，提高脱水制品的品质，降低生产能耗和成本的目的，对真空度和干燥温度 2 个因素进行试验研究，采用经典模型和 BP 神经网络模型来进行对比，试验结果显示，BP 神经网络模型优于经典模型，模型平均相对误差为 1.32%。在孟国栋等（2018）研究花椒真空干燥过程中也是类似的结果，采用 7 种经典干燥数学模型来拟合试验数据，并且选取其最优模型和 BP 神经网络模型进行对比，研究结果表明此 BP 神经网络是更适合描述花椒干燥动力学特性的数学模型。为了实现对含水率进行精确预测，白竣文等

(2017) 分析了南瓜片的主要工艺参数（真空保持时间、常压保持时间、干燥温度和切片厚度），并利用 BP 神经网络建立南瓜的含水率预测模型。试验结果显示，BP 神经网络模型能够很好地预测南瓜在真空脉动干燥过程中的含水率。在 ANN 用于真空干燥中，鲜见自制真空干燥试验系统，张利娟等（2016）利用自制的真空干燥试验系统，分析了小麦真空干燥的含水率与其真空度、干燥温度、铺料厚度和干燥时间这 4 种工艺参数之间的关系，选取干燥过程中比较稳定的 200 组数据作为样本，然后使用 BP 神经网络模型进行预测训练，结果显示：小麦含水率的预测结果与实测值误差小于 5.2%，能较好地反映真空干燥工艺参数与含水率之间的复杂非线性关系。

ANN 能够准确预测真空干燥的各种工艺参数和含水率，是实现干燥过程动态跟踪与控制、优化干燥过程、提高干燥质量。干燥动态特性数学模型的建立可以准确地预测干燥过程中水分的变化规律。ANN 明显优于经典干燥数学模型，能较好地反映真空干燥工艺参数与含水率之间的复杂非线性关系。

3. 冷冻干燥

塔拉夫达等（Tarafdar et al.，2019）研究了人工神经网络在香菇冷冻干燥中的应用，以含水率和干燥速率为输出干燥参数，并且比较了人工神经网络和半经验模型的预测效果。研究表明，利用人工神经网络模型可以准确预测生物材料的干燥行为，同时提供与现有半经验干燥模型相当甚至更优的结果。王丽艳等（2015）将 ANN 应用在真空冷冻干燥工艺中，为了提高猕猴桃切片的品质，进行真空冷冻干燥试验，分析影响猕猴桃切片品质的因素（干燥室压力、切片厚度、加热板温度），运用 Matlab 对真空冷冻干燥的试验数据进行训练和模拟，并与真空冷冻干燥实测值进行比较，结果表明，利用 BP 神经网络得出的预测值较接近试验实测值，能良好地反映真空冷冻干燥工艺参数与猕猴桃品质之间的关系。梅里克等（Menlik et al.，2010）的研究中，提出了使用人工神经网络的方法建立苹果冻干过程中含水量、含水率、干燥速率等干燥预测模型。该网络采用了列文伯格－马夸尔特法（Levenberg-Marquardt，LM）和费米函数作为变量的反向传播学习算法，用确定系数、均方根误差和平均绝对百分率误差确定了模型的统计有效性。结果表明，所建立的神经网络模型可以用于苹果冻干特性的测定和预测。从统计检验结果和相关分析可知，建立的神经网络模型在苹果干燥过程中的含水量、含水率和干燥速率的预测上是成功的。

冷冻干燥与红外干燥和真空干燥不同，是非线性和滞后性工作系统，需要考虑和评估许多关键参数，过程过于复杂，用一般的数学方法难以精确表述其工作过程和实现过程的精确控制，而神经网络在非线性函数最佳逼近和全局最优方面具有良好的能力，能够很好地优化工艺参数和预测试验结果。因此越来越多的研究者开始借助 ANN 对食品冷冻干燥过程中的数据进行训练模拟。

（三）在食品光谱数据分析中的应用

高光谱成像技术是评估食品质量和安全性的有前途的工具，它将成像技术与光谱技术相结合，是一种具有高维特征空间的非线性结构数据，由于其标注困难，所以对数据标注时需消耗大量人力和物力等资源。而借助神经网络可以使高光谱图像试验更加精确的分组，并且可以同时提取光谱特征和空间特征。对水果和肉类食品的各种物理化学特性进行无损检测，在食品工业中有很大发展前景。

王浩云等（2020）为解决水果品质无损检测中成本、效率、精度问题，借助高光谱图像和三维卷积神经网络的方法，采集 245 个苹果的高光谱图像，通过样本扩充之后将原始数据集扩充至 9800 个样本后进行建模预测。试验结果显示：该方法相对传统方法预测精度有很大提升，能够较准确实现苹果多品质参数同时检测。王九清（2018）的研究中，为了对鸡肉进行快速、无损检测，从鸡肉的高光谱数据中提取出了反映鸡肉内部品质的光谱数据以及反映鸡肉外部特征的图像数据，利用卷积神经网络模型对提取到的数据进行模拟验证，结果表明，基于光谱和图像的综合卷积神经网络模型可以准确预测，其准确率和损失函数分别达 93.58% 和 0.30。高光谱技术还可借助神经网络预测食品新鲜度。陈等（Chen et al.，2019）采用总挥发性碱性氮含量对太平洋牡蛎的新鲜度进行了评价，高光谱成像被用来测定太平洋牡蛎中总挥发性碱性氮的含量，借助多元线性回归和反向传播人工神经网络技术预测太平洋牡蛎的新鲜度，结果证明了高光谱成像和化学计量学方法的结合可以用来检测和准确预测太平洋牡蛎贮藏期间的新鲜度。伍恒等（2019）通过采集不同实物候期哈密瓜果实的高光谱数据，采用广义回归神经网络和概率神经网络2种模型，对哈密瓜物候期进行识别，以模型判别正确率为评价指标，结果显示：所建模型均能很好地识别哈密瓜果实物候期。

利用ANN在光谱数据分析与利用ANN对计算机视觉技术有很多相似之处，都是通过计算机对图像进行分析后预测结果。计算机视觉技术应用起来更加方便，能够很好地展现产品直观的状态，而光谱数据分析是结合更多高光谱成像系统展现产品内在的本质状态。ANN都能够很好地进行准确的预测。

二、贝叶斯分类器在变压器状态评估中的应用

配电系统是电力系统的重要组成部分，是输电网和用户之间的重要中间环节。随着经济不断发展和社会用电需求的增长，配电网的建设运行负担也在急剧加重，主动配电网技术应运而生，其目的为提升配电网资产的利用率、延缓配电网的升级投资以及提高用户的用电质量和供电可靠性。而电力变压器作为电网中主要设备之一，随着电网规模的发展和设备质量的提升，变压器检修由传统的定期检修模式转变为状态检修模式，而变压器状态评估是状态检修的基础和关键。

电力变压器状态评估是以历史和当前的变压器运行情况为依据，通过多种监测手段、分析手段和预测手段，对变压器当前的运行状态做出评估，从而对变压器故障的早期征兆进行识别，对故障部位、严重程度和发展趋势做出预测，从而对变压器状态检修工作提出指导，实现“应修必修，修必修好”。然而，变压器是一个综合系统，故障机理复杂，变压器绝缘水平监测具有众多试验项目和特征指标，状态评估的结果也不是“合格/不合格”的简单二元评判，因此变压器状态评估是一个具有随机性和模糊性的分析过程。

下面在现有变压器状态评估理论的基础上，建立变压器分层状态评估体系，将贝叶斯理论引入变压器评估领域，提出基于贝叶斯分类器的变压

器状态评估模型，形成一种考虑历史状态和状态变化趋势的变压器状态评估方法。

（一）变压器分层状态评估体系

1. 变压器状态评估指标

在目前电网中，大型变压器大都用变压器油来进行绝缘和散热，进行油色谱分析和油化试验，可以发现变压器早期的潜伏性故障，较为准确地判断变压器当前绝缘水平。通过对变压器进行电气试验，定量测量变压器绝缘劣化水平，同样可以发现变压器早期缺陷，对变压器状态进行评估。因此，从油色谱分析、油化试验和电气试验 3 方面，选择 12 项特征量构建变压器状态评估体系，如图 8－8 所示。

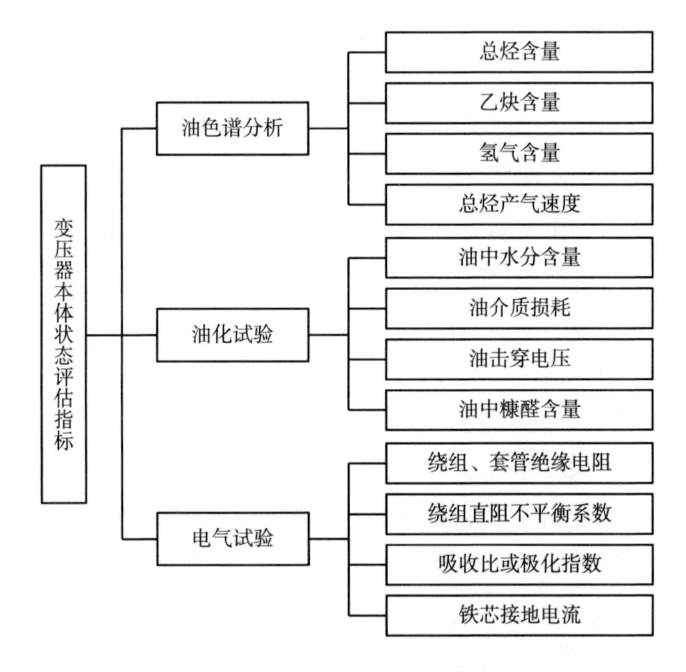

图 8－8　变压器状态评估体系

2. 指标评分模型和隶属度函数

本书通过综合多位电力专家对变压器状态评估指标重要性的认识、经验和信息，采用德尔菲法来确定变压器运行状态区间的划分，并对各指标监测结果进行百分制打分，然后按分值与绝缘状态的相关关系（正相关或负相关），对指标分数采用升半梯和降半梯模型进行归一化：0 表示同类产品良好状态值（变压器的出厂/交接试验值）；1 表示变压器绝缘完全损坏的最差状态分值；0.5 表示变压器运行指标到达异常状态的临界分值；0.2 和 0.8 分别表示正常与注意、异常与严重 2 种不同状态间的临界分值。指标分值表及其含义如表 8－3 所示。

表 8－3　　变压器状态分类及分值

指标分值	状态归类	状态描述	检修策略
[0～0.2]	正常状态（A）	状态表征指标稳定地处于规程规定的警示值、注意值以内	延期检修
[0.2～0.5]	注意状态（B）	状态表征指标变换趋势向接近标准限值方向发展	注意监测
[0.5～0.8]	异常状态（C）	状态表征指标变化较大，已经接近或超过标准限值	适时检修
[0.8～1]	严重状态（D）	状态表征指标严重超过标准限值	尽快检修

然而，指标分值与变压器状态并不是一一映射，具有一定的概率性。为了处理不同状态边界过渡的问题，采用模糊分布法，为各状态建立分段的隶属度函数。本书采用半梯与半岭相结合的分布函数，建立指标分数对各种状态的隶属度集，如表 8－4 所示。

表 8－4　　变压器各状态隶属度函数

状态	隶属度函数表达式
A	$f_A(x)=\begin{cases}0 & x\leqslant a_1\\ 0.5-0.5\sin\left[\frac{\pi}{a_2-a_1}\left(x-\frac{a_1+a_2}{2}\right)\right], & a_1<x\leqslant a_2\\ 0 & x>a_2\end{cases}$
B	$f_B(x)=\begin{cases}0.5+0.5\sin\left[\frac{\pi}{a_2-a_1}\left(x-\frac{a_1+a_2}{2}\right)\right] & a_1<x\leqslant a_3\\ 1 & a_2<x\leqslant a_3\\ 0.5-0.5\sin\left[\frac{\pi}{a_4-a_3}\left(x-\frac{a_3+a_4}{2}\right)\right] & a_3<x\leqslant a_4\end{cases}$

续表

状态	隶属度函数表达式
C	$f_C(x)=\begin{cases}0.5+0.5\sin\left[\frac{\pi}{a_4-a_3}\left(x-\frac{a_3+a_4}{2}\right)\right] & a_3<x\leqslant a_4\\ 1 & a_4<x\leqslant a_5\\ 0.5-0.5\sin\left[\frac{\pi}{a_6-a_5}\left(x-\frac{a_5+a_6}{2}\right)\right] & a_5<x\leqslant a_6\end{cases}$
D	$f_D(x)=\begin{cases}0 & x\leqslant a_5\\ 0.5+0.5\sin\left[\frac{\pi}{a_6-a_5}\left(x-\frac{a_5+a_6}{2}\right)\right], & a_5<x\leqslant a_6\\ 1 & x>a_6\end{cases}$

表 8－4 中，$f_A(x)\sim f_D(x)$ 分别表示评估指标关于正常至严重 4 种状态的隶属度；$a_1\sim a_6$ 分别表示不同状态之间的边界值。根据表 8－3 中的范围划分，$a_1\sim a_6$ 的取值分别为 0.1、0.3、0.4、0.6、0.7 和 0.9。

（二）基于贝叶斯分类器的状态评估实现

对于包括变压器在内的所有电力设备，使用时间与故障率之间存在典型的宏观统计规律，如图 8－9 所示。

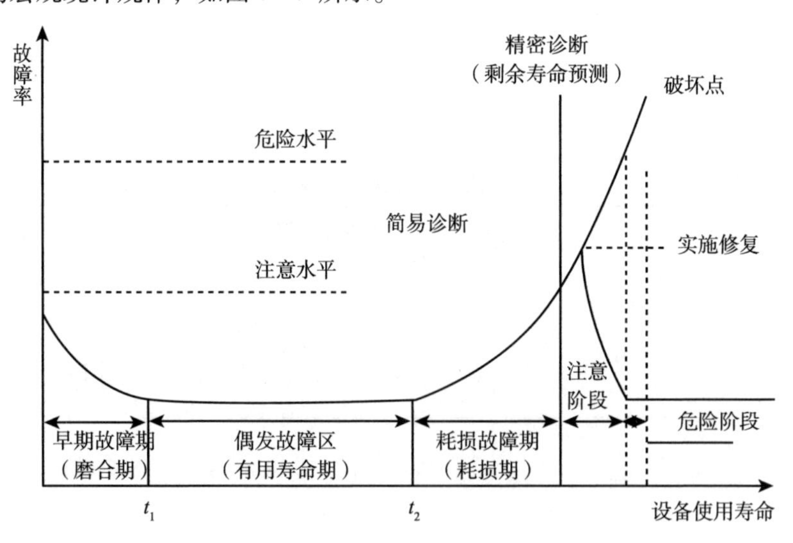

图 8－9　变压器故障率与使用时间的关系

在正常使用中，变压器的全寿命周期可以分为早期故障期、偶发故障期和损耗故障期。在某个合适时机进行检修，可以降低变压器故障率，但是无法改变设备故障率随时间逐渐增加的趋势，因此在状态检修模式下，变压器的故障率曲线是一条呈锯齿状的指数上升曲线。寻找恰当时机进行检修，是变压器状态评估的意义所在。贝叶斯分类器可以利用先验信息和样本数据确定事件的后验概率，用于变压器状态评估中，即可在判断变压器当前状态时将历史故障/检修信息考虑进去，提高判断准确性。

在常见的变压器状态层次模型中，评估依据是当前的变压器指标数据，是同一时间断面的监测信息。然而，变压器实际状态不仅与当前测地指标有关，综合变压器历史数据可以观察各指标变化趋势和速度，才能更准确评估变压器状态。

基于贝叶斯分类器的变压器状态评估可以将先验概率与后验概率相联系，综合考虑变压器多个时间断面的监测信息。因此，首先通过历史和当前的监测信息，对各指标值进行预测，得到变压器未来状态，进而利用变压器历史、现在和未来多个时间断面的指标数据来评估变压器综合状态。示意图如图 8－10 所示。

变压器运行状态不仅与当前监测数据有关，还与其历史数据、状态变化趋势和家族缺陷等因素有关。本书分析了反应变压器状态的数据类型，从油色谱分析、油化试验和电气试验 3 方面，构建了包含 12 项特征量的变压器状态评估体系；通过贝叶斯分类器，将变压器多个时间断面的监测数据应用于状态评估，实现了变压器的不同时间维度、多个指标维度、指标数据缺失或冗余矛盾等状态下的综合状态评估。这种基于贝叶斯分类器的变压器状态评估方法是有效的，并且具有较高的准确性。

图 8－10 中虚线框中部分表示依据监测指标值和本书所建立的状态评估模型和隶属度函数确定变压器某时间断面状态的过程，该状态作为贝叶斯网络中的随机变量节点，进行基于贝叶斯分类器的状态评估，如图 8－10 中实线框所示。

记 $\xi_{ijk} = P(X_i = X_i^k \mid Pa_j^i)$，Pa 表示随机变量 X_i 的父节点，即变压器历史、现在和未来 3 个时间断面，每个父节点可能的取值包括正常（A）、注意（B）、异常（C）和严重（D）4 种状态，Pa_j^i 表示父节点取值组合中第 j 个取值组合（总共有 $4^3 = 64$ 种组合）。X_i^k 表示 X_i 的第 k 种可能取值（总

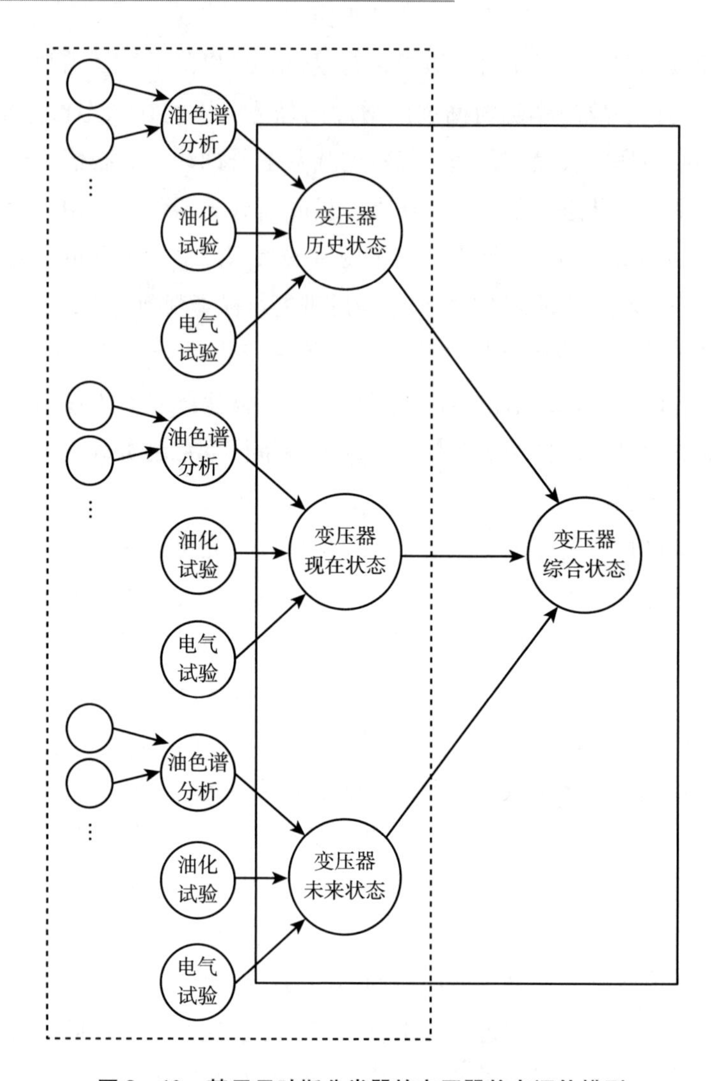

图 8－10　基于贝叶斯分类器的变压器状态评估模型

共有 4 种状态，记为 r＝4）。根据条件期望估计法可以得到贝叶斯网络条件概率表的学习公式：

$$\xi_{ijk} = E(\xi_{ijk}) = \frac{\alpha_k + N_{ijk}}{\sum_{k=1}^{r} (\alpha_k + N_{ijk})} \tag{8-2}$$

式（8－2）中 N_{ijk} 指贝叶斯分类器训练集中，节点 X_i 父节点取第 j 个取值组合，且 X_i 为第 k 种状态时的样本数量，α_k 代表专家知识，可由专家给定，也可采用贝叶斯假设。

参考文献

［1］（法）AurélienGéron. 机器学习实战［M］. 北京：机械工业出版社，2020.

［2］阿曼. 朴素贝叶斯分类算法的研究与应用［D］. 大连：大连理工大学，2014.

［3］（美）安德鲁·凯莱赫，亚当·凯莱赫著；陈子墨，刘瀚文译. 机器学习实践［M］. 北京：机械工业出版社，2020.

［4］宝力高. 机器学习、人工智能及应用研究［M］. 长春：吉林科学技术出版社，2021.

［5］（意）保罗·佩罗塔（Paolo Perrotta）. 机器学习编程 从编码到深度学习［M］. 北京：机械工业出版社，2021.

［6］闭应洲，许桂秋. 数据挖掘与机器学习［M］. 杭州：浙江科学技术出版社，2020.

［7］边琳丽，刘泽惠，李琦. 基于反馈神经网络的财务服务机器人研究［J］. 自动化与仪器仪表，2021（12）：167－171.

［8］边玉宁. 基于机器学习的银行信贷申请者评分模型研究［D］. 北京：北京印刷学院，2021.

［9］常虹著. 机器学习应用视角［M］. 北京：机械工业出版社，2021.

［10］陈海虹. 机器学习原理及应用［M］. 成都：电子科技大学出版社，2017.

［11］陈钦界. 基于机器学习的智能医疗诊断辅助方法研究［D］. 长沙：中国人民解放军国防科学技术大学，2017.

［12］杜瑞杰. 贝叶斯分类器及其应用研究［D］. 上海：上海大学，2012.

［13］范彦勤. 基于贝叶斯分类器的个人信用评估研究［D］. 西安：

西安电子科技大学，2014.

[14] 高敬鹏，江志烨，赵娜．机器学习 [M]．北京：机械工业出版社，2020.

[15] 郭萧．基于机器学习算法的智慧农业决策系统研究 [D]．西安：西安电子科技大学，2018.

[16] 郭亚静．农业无人机智能机器学习系统——基于人工智能和深度学习 [J]．农机化研究，2023，45 (3)：237－240，259.

[17] 何钦铭，王申康．机器学习与知识获取 [M]．杭州：浙江大学出版社，1997.

[18] 黄立强，智青，刘洋，张志瑞．医疗保险反欺诈中机器学习的应用发展 [J]．保险理论与实践，2021 (3)：136－147.

[19] 黄秀霞．C4.5 决策树算法优化及其应用 [D]．江南大学，2017.

[20] 纪文璐，王海龙，苏贵斌，柳林．基于关联规则算法的推荐方法研究综述 [J]．计算机工程与应用，2020，56 (22)：33－41.

[21] 姜雪涛．自动机器学习在作物杂草检测中的应用研究 [D]．兰州：兰州大学，2021.

[22] 康琦，吴启迪．机器学习中的不平衡分类方法 [M]．上海：同济大学出版社，2017.

[23] 李超．智能疾病导诊及医疗问答方法研究与应用 [D]．大连：大连理工大学，2016.

[24] 李娜，刘冰，王伟．基于单隐层前馈神经网络的优化算法 [J]．科学技术与工程，2019，19 (1)：136－141.

[25] 李伟．决策树算法应用及并行化研究 [D]．成都：电子科技大学，2014.

[26] 李颖，陈怀亮．机器学习技术在现代农业气象中的应用 [J]．应用气象学报，2020，31 (3)：257－266.

[27] 梁中卿．基于机器学习模型融合的商业银行风险评级研究 [D]．南昌：江西财经大学，2021.

[28] 林强．机器学习、深度学习与强化学习 [M]．北京：知识产权出版社，2019.

[29] 刘峡壁，马霄虹，高一轩．人工智能：机器学习与神经网络

[M]. 北京：国防工业出版社，2020.

[30]（印）M. 戈帕尔（M. Gopal）. 机器学习及其应用 [M]. 北京：机械工业出版社，2020.

[31] 马刚. 朴素贝叶斯算法的改进与应用 [D]. 合肥：安徽大学，2018.

[32] 迷迭香. 机器学习 [M]. 呼和浩特：内蒙古人民出版社，2005.

[33] 牟少敏，时爱菊. 模式识别与机器学习技术 [M]. 北京：冶金工业出版社，2019.

[34] 濮泽堃. 基于机器学习的电商评论情感分析系统 [D]. 南京：南京邮电大学，2020.

[35] 尚琦. 基于多种机器学习算法的电商推荐研究 [D]. 兰州：兰州大学，2021.

[36] 圣文顺，孙艳文. 一种改进的 ID3 决策算法及其应用 [J]. 计算机与数字工程，2019，47（12）：2943－2945，3094.

[37] 孙泽勇. 基于机器学习的疾病预测研究 [D]. 广州：广东工业大学，2021.

[38] 汤莉. 机器学习的 PAC-Bayes 理论评价及应用 [M]. 西安：西安电子科技大学出版社，2019.

[39] 王璨. 基于机器学习的农业图像识别与光谱检测方法研究 [D]. 晋中：山西农业大学，2018.

[40] 王磊. 基于遗传算法的前馈神经网络结构优化 [D]. 大庆：东北石油大学，2013.

[41] 王晓燕，李净，邢立亭. 基于 3 种机器学习方法的农业干旱监测比较 [J]. 干旱区研究，2022，39（1）：322－332.

[42] 韦鹏程，冉维，段昂. 大数据巨量分析与机器学习的整合与开发 [M]. 成都：电子科技大学出版社，2017.

[43] 吴桂坤. 延迟反馈神经网络和两层反馈神经网络的研究 [D]. 厦门：厦门大学，2008.

[44] 徐俊波，许庆国，周传光，赵文. 反馈神经网络进展 [J]. 化工自动化及仪表，2003（1）：6－10.

[45] 杨澜. 机器学习在电商用户购买行为预测中的应用研究 [D].

天津：天津商业大学，2021.

［46］叶雷．机器学习算法在医疗数据分析中的应用［D］．武汉：华中师范大学，2017.

［47］由育阳．机器学习智能诊断理论与应用［M］．北京：北京理工大学出版社，2020.

［48］喻凯西．朴素贝叶斯分类算法的改进及其应用［D］．北京：北京林业大学，2016.

［49］张驰，郭媛，黎明．人工神经网络模型发展及应用综述［J］．计算机工程与应用，2021，57（11）：57－69.

［50］张蕾，章毅．大数据分析的无限深度神经网络方法［J］．计算机研究与发展，2016，53（1）：68－79.

［51］张玺．数据挖掘中关联规则算法的研究与改进［D］．北京：北京邮电大学，2015.

［52］张小轩．ID3算法的研究及优化［D］．青岛：山东科技大学，2017.

［53］章晓．决策树ID3分类算法研究［D］．杭州：浙江工业大学，2014.

［54］赵崇文．人工神经网络综述［J］．山西电子技术，2020（3）：94－96.

［55］郑晓燕．基于机器学习的心血管疾病预测系统研究［D］．北京：北京交通大学，2018.

［56］郑熠煜．贝叶斯分类方法及其在冠心病诊疗中的应用研究［D］．大连：大连海事大学，2013.

［57］周琪航．基于卷积神经网络的个性化医疗推荐方法研究［D］．昆明：昆明理工大学，2021.

［58］周阳．基于机器学习的医疗文本分析挖掘技术研究［D］．北京：北京交通大学，2019.

［59］周志华．机器学习理论导引［M］．北京：机械工业出版社，2020.

［60］朱军，胡文波．贝叶斯机器学习前沿进展综述［J］．计算机研究与发展，2015，52（1）：16－26.